总主编◎张颢瀚　副总主编◎汪兴国
人文社会科学通识文丛

关于**美　学**的100个故事

100 Stories of
Esthetics

冯慧◎编著

南京大学出版社

江苏省哲学社会科学界联合会
《人文社会科学通识文丛》编审委员会

总 主 编 张颢瀚
副总主编 汪兴国
执行主编 吴颖文
编 委 会（以姓氏笔画为序）

王月清	左　健	叶南客	汤继荣
刘宗尧	汪兴国	陈冬梅	杨金荣
杨崇祥	李祖坤	吴颖文	张建民
张颢瀚	陈玉林	陈　刚	金鑫荣
高志罡	董　雷	潘文瑜	潘时常

选题策划 吴颖文　王月清　杨金荣　陈仲丹
　　　　　　李　明　倪同林　王　军　刘　洁

前　言

　　爱美之心人皆有之，生活之美、自然之美、艺术之美、心灵之美，无不令人心向往之。美，贯穿了人类生活的始终，是人生境界的终极追求。而发现美、创造美，就是美学的宗旨。

　　人类自从能够直立行走，便开始了对美的创造与欣赏。远古人把颜色各异的石珠、兽齿、海蚶壳等饰品佩戴在脖颈和腰间，就显示出人类已经开始了对美的创造和认识。

　　美学就是以艺术作为主要对象，从现实的审美角度出发，来辨别其善、恶、美、丑的一门审美科学。它是一个多元化的学科，所研究的对象包括美的发现、美的创造、美的发展及美的规律等。同时，美学作为哲学的一个分支，还研究艺术里的哲学问题，这些问题包括美的本质、审美意识以及审美对象的关系等。

　　一谈到美学，读者也许会问："艺术家比平常人更高明吗？为什么我们看到一幅美丽的风景，想要把它画下来的时候，却在脑海里消失了？而画家为什么能将它完美地在画布上呈现出来？难道艺术境界只存在于艺术家们的心里吗？"其实不然，美丽的景色一直存在，只是有些人用心去看，发现了其中的美，创造了新的美。所以，那些成功地展现美、对美有很高造诣的人，才被称为艺术家。

前 言

  我们常常为看到的自然美景感到开心,对他人创作的伟大艺术品发出由衷的赞叹。为此有些人就会思考:为什么美景会令人赏心悦目?那些伟大的艺术品究竟美在哪里?人们为什么会创作这些作品?其中蕴含着怎样的规律?如果想破解这些谜团,那就请踏上这段探索美的旅程吧!相信本书通俗易懂的介绍,会使你豁然开朗,令你发现美学蕴含的无穷宝藏。

  本书选取了一百个生动有趣、富含哲理的故事,结合美学基础理论常识,不仅能让你领略到生活之美、人性之美,破解艺术领域存在的未解之谜,还能令你在轻松的阅读之余,全面而深入地了解艺术、了解美学,进而陶冶情操、增长智能,让生活变得更加美好。

目　录

第一篇　美丽的世界，美学的生活——美学的基本原理

鲁本斯找模特儿揭示了美学的定义　　　　　　　　　　2
牧师的玫瑰展示了美学的研究对象　　　　　　　　　　4
爱因斯坦教人欣赏乐曲教出了美学研究的任务　　　　　6
哲学家痛苦于美学的研究方法　　　　　　　　　　　　8
小镇的唱片唱出美学思想的发展史　　　　　　　　　　10
歌唱家的爱情诠释了美学存在的意义　　　　　　　　　12
无言的相助展现了美学学科的人文品格　　　　　　　　14
大师之战为的是美的本质　　　　　　　　　　　　　　16
浪子归乡让人看到美的特性　　　　　　　　　　　　　18
阿佩利斯的绘画展现出美的特征　　　　　　　　　　　20
贝多芬修改音符体现了审美发生理论的辨析　　　　　　22
卡拉扬闭目指挥暴露了审美发生的条件和契机　　　　　24
海登"制造"风暴展示了审美发生的原初形态　　　　　26
美丽的绿洲代表了自然美　　　　　　　　　　　　　　28
毕加索的偶然失误揭示了形式美的重要性　　　　　　　30
席勒的潜心研究促成了《审美教育书简》的问世　　　　32
拉斐尔的爱情本身就是艺术品　　　　　　　　　　　　34
飞燕舞蹈堪比美学中的人化自然　　　　　　　　　　　36
寻找真爱的故事揭示了宗教与美学的关系　　　　　　　38
音乐家学画画混淆了美学学科之间的关系　　　　　　　40

第二篇　美的发现，美的散步——美学的发展

琴声保护下的古希腊美学　　　　　　　　　　　　　　44

讨要旧报纸的孩子发现了美在和谐	46
朱庇特的神话体现了贺拉斯的古典主义美学思想	48
圣诞夜之歌证明神才是美的起源	50
伯牙操琴弹奏出先秦美学	52
曹操对酒当歌唱出了魏晋美学的风韵	54
白居易写诗显露出隋唐美学的端倪	56
伦勃朗在贫民窟里等待人文主义萌芽	58
三把石灰粉涂抹出文艺复兴时期的美学	60
待月西厢等待明代美学的辉煌	62
蒙特威尔第的艺术创作表现了经验主义美学的特点	64
巴赫追求着十八世纪启蒙主义美学	66
施特劳斯保护头发就是保护现实主义美学	68
浮士德下凡为了德国古典主义美学	70
歌德让路使美学新论复杂多变	72
《文心雕龙》展示了和谐统一的中国古典美学	74
罗西尼即兴演奏体现了非理性美学的嬗变	76
献出一生的萨维奇也献出了二十世纪美学	78
做自己才能看到美学的未来发展	80

第三篇　借你一双寻找美的眼睛——美学方法

莫扎特用鼻子找到了琴键上的黄金比例	84
科尔的律师梦表达的是移情美学	86
李煜的《虞美人》讲述了悲情思想观	88
蔡邕制琴体现了心灵是审美因素	90
李清照的诗词表现了美学的虚实意境	92
庄子和惠子论争是审美差异性的表现	94
尤利西斯拒绝诱惑论证了审美无利害	96
禅宗机锋揭示了语言中的符号美学	98
毕达哥拉斯用数学原理证明了美的结构	100
雨果用浪漫的故事演绎悲剧的力量	102

何满子用传说传递喜剧的效果	104
缺口的餐具表现了分延与美的关系	106
音乐的魔力与完美自我的关系	108
桑塔纳的成功展示了美育的力量	110
孟子晋见魏惠王表现了审美中的完美人格	112
弹奏一弦嵇琴激发出人们审美欣赏的雅兴	114
观画医病体现了审美愉悦	116
买跛脚小狗是审美超越的表现	118
巴尔扎克惜时如命是审美趣味所致	120
杜十娘怒沉百宝箱表达了反思判断力的作用	122

第四篇 美的，更美些——美学分类

马克·吐温做广告传达了非理性美学原理	126
旋风和细雨揭示了悲剧之后的宁静	128
站着安葬的遗嘱揭示了美就是生活	130
自信的女孩推开了实验美学的门扉	132
莫扎特告别美女追寻着移情美学	134
芭蕾舞演员贪吃冰淇淋证实了美学的特征说	136
王国维之死是中西美学融合史上的遗憾	138
巴尔扎克写作揭示了表现主义美学精神	140
芝诺的悖论和圆圈论体现了美学中有知与无知	142
单相思的肖邦注重形式主义美学	144
自杀的海明威为精神分析美学出了一个难题	146
珠光禅师论茶道表现了分析美学的语言风格	148
割草男孩打电话求证属于现象学美学的范畴	150
雨果和歌德用书信验证符号论美学	152
小提琴的故事体现了海德格尔存在主义美学的观点	154
托尔斯泰玩单杠玩出的社会批判美学	156
海中救援暗含着结构主义美学的原理	158
罗梅尔拥有的不是马克，是艺术美学	160

爵士乐歌手击打出暴力美学	162
牛仔裤的发明体现了印象主义美学	164

第五篇 让人生更美的使者——一睹历代美学大师的风采

苏格拉底对美学的初探	168
柏拉图建构第一个美学体系	170
亚里士多德奠定了希腊美学的根基	172
"上帝之友"奥古斯丁开创了基督教美学	174
坚信上帝的托马斯·阿奎那成为了中世纪美学的集大成者	176
《神曲》宣告了但丁人文主义美学精神的萌芽	178
心灵感悟激发了达·芬奇伟大的画论	180
没有成为神学家的笛卡尔成了理性主义美学的奠基人	182
夏夫兹博里对美学的贡献	184
怀疑论者休谟的审美趣味	186
卢梭的恋情验证了音乐美学的观点	188
狄德罗效应引爆现实主义美学	190
以己度人的隐喻使维柯发现了形象思维规律	192
准时的康德成为德国古典主义美学奠基人	194
与歌德的友谊使席勒在美学史上发挥了承上启下的作用	196
叔本华餐馆收回金币开启了存在主义美学的先河	198
尼采用悲剧揭示了美的所在	200
为思想而生活的泰纳坚信特征说	202
被墨索里尼罢免的克罗齐反对美学中的"模仿说"和"联想说"	204
小汉娜用自身经历验证弗洛伊德的精神分析说	206

第一篇

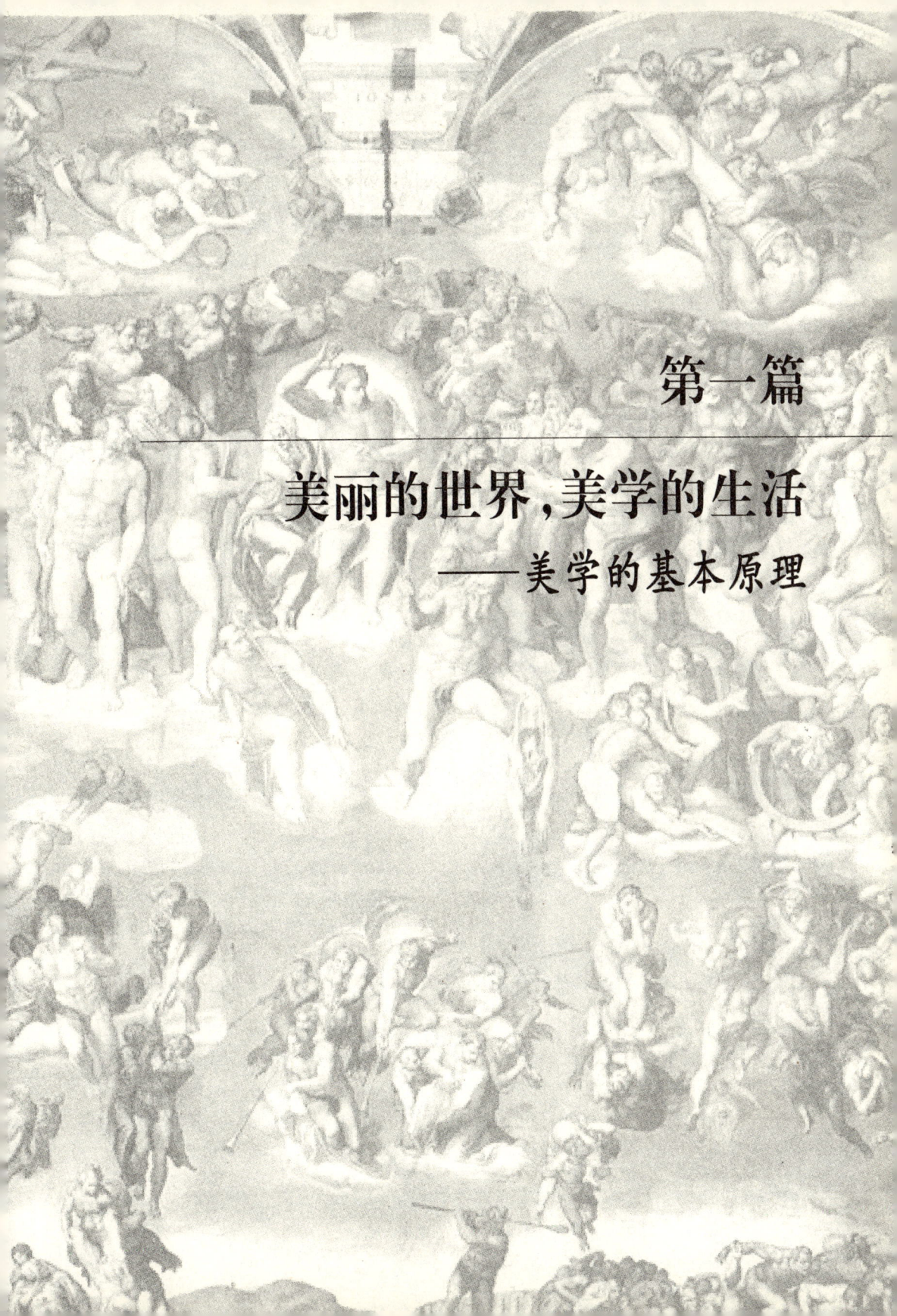

美丽的世界,美学的生活
——美学的基本原理

鲁本斯找模特儿揭示了美学的定义

美学是从人对现实的审美关系出发,以艺术作为主要对象,研究美、丑、崇高等审美范畴和人的审美意识、美感经验,以及美的创造、发展及其规律的科学。

在十七世纪的佛兰德斯,有一位非常杰出的画家叫鲁本斯。他是欧洲第一个巴洛克式的画家,其肖像画最为著名。他画的肖像之所以引人入胜,不仅缘于绘画技巧的完美,同时还缘于他在作品里表现出了脉搏在热烈地跳动、目光中充满了生命力、皮肤富有弹性的栩栩如生的人物。2002年,他的一幅名为《对无辜者的大屠杀》的作品曾在英国苏富比拍卖行拍出了4 950万英镑的天价。所以,从某种角度上来说,鲁本斯的画不仅代表了佛兰德斯,还代表了十七世纪西欧的绘画艺术。

鲁本斯的作品《三美神》

鲁本斯出生在德国锡根,由于父亲过早地离世,他一直跟着母亲生活。少年时代的鲁本斯曾在一个伯爵家里做侍童,在那种高雅的环境里,他不仅有机会接受了许多正统的教育,还学会了多种语言,为他日后的绘画生涯打下了坚实的基础。

母亲希望鲁本斯将来能够成为一名画家,所以请了当时几位著名的画家来为儿子指点画技。自身的聪颖好学再加上名师的指点,令鲁本斯的画技有了长足的进步,二十一岁时他便获得安特卫普画家公会的承认,成为一名正式的画家。

1600年,鲁本斯来到意大利的威尼斯。在那里,他一边潜心研究绘画,一边精心研究临摹古代艺术精品和文艺复兴时期大师们的画迹。这一阶段的绘画给鲁本斯带来的不仅是名利和地位,而且还带来了无尽的艺术享受。他对绘画的痴迷已到了在大街上一见到体态丰盈的女子都会拉去做模特儿的地步。被贸然拉去做模特儿是一件很令人难为情的事情,更何况鲁本斯画的大多数都是裸体画。可是当这些美丽的女子知道了鲁本斯对绘画的热爱以及他的人品以后,非但不计较,甚至还很愿意配合。

《三美神》是鲁本斯的绘画代表作。在他的笔下,这些女神都有着健壮丰满、充满生命力的形体,有着秀丽俊美的面孔,整个形象充溢着激情与艺术魅力。

鲁本斯善于运用健康丰满、生机勃勃的形象以及洋溢着乐观与激情的性格,去表现自己的审美理想与趣味。由于他所处的是上流社会环境,所画的女子基本上都是贵妇人,体态丰满,皮肤细嫩,时而端庄,时而可爱;而他所画的男子也是以风流浪荡的官宦子弟为题材,生动刻画了佛兰德斯贵族资产者追求享乐和骄奢淫逸的生活情趣。

鲁本斯最初的绘画题材来自于基督教信仰,可是这样的题材难免会受到宗教的制约。为了能够淋漓尽致地发挥自己的构思,他就改以神话为题材。在那些神话故事里,他的艺术个性得到了完美而毫无阻碍的发挥,进而使他的绘画艺术达到了更高层次的升华。

自从能够直立行走,人类就开始了对美的创造与欣赏。原始人把颜色各异的石珠、兽齿、海蚶壳等饰品佩戴在脖颈和腰间,就显示了人类已经开始了对美的创造和认识。

以艺术作为主要对象,从现实的审美角度出发,来辨别其善、恶、美、丑的一种审美意识,就叫做美学。

人类研究美学的方式是多元化的,既可以用哲学的方式去研究,也可以从生活经验的角度去探索,还可以从心理分析的角度、人类学以及社会学的角度等进行研究。

最早把美学纳入科学行列来做研究的是德国哲学家鲍姆加登。他首次给美学的定义是"来自感官的感受",他认为美首先是从感觉上获得的。到了十九世纪,现代的美学家们将美定义为从艺术、科学和哲学中感知认知的一种理论哲学。对于审美对象来说,审美的标准不只是停留在观察美丑的表面,而是从更深一层的角度去观察和认识它潜在的本质。

小知识

孔子(公元前551年~公元前479年),名丘,字仲尼,中国古代伟大的思想家和教育家,儒家学派创始人,世界最著名的文化名人之一。他的言行及思想主要载于语录体散文集《论语》及《史记·孔子世家》中。

牧师的玫瑰
展示了美学的研究对象

美学是一个多元化的学科,它所研究的对象包括美的发现、美的创造、美的发展及美的规律等。同时,美学作为哲学的一个分支,还研究艺术里的哲学问题,这些问题包括美的本质、审美意识以及审美对象的关系等。

约翰每个礼拜天都会去附近的教堂讲道。那个教堂不大,但是环境布置得很好,尤其是四周的墙角,都是用石头砌成的一个个花坛,一年四季都开着各种颜色的鲜花。约翰讲道的那段时间,正好是玫瑰花开放的季节。当他每次讲完道的时候,都会有人拿着刚采的花朵别在他的领子上,然后再围着他问东问西。

有一天,约翰讲完道的时候,周围人群中有一个个子矮小、年龄不到十岁的小男孩对约翰说:"先生,你衣服上的那朵花真好看。"

"你喜欢吗?喜欢的话,我可以送给你。"约翰亲切地说。

小男孩点了点头。

约翰把花拿下来,别在小男孩那皱巴巴的衣服上,问道:"你要它做什么?"

"给我祖母。"

"为什么要送给你的祖母呢?难道她生病了?"

"没有,我爸爸妈妈离婚了,他们都不要我,我只能跟着祖母一起生活。祖母每天给我做最好吃的土豆饼,教我唱歌,圣诞节的时候还带我去看马戏团表演。我什么忙都帮不上祖母,她说我年龄太小,什么也不用做,所以我想把这朵花拿回家送给她,她一定会很高兴的。"

原来是这样,眼前这个小男孩竟然如此感恩!小男孩的话使约翰心里泛起了一种酸楚,他想起了自己的那些亲人,想起了他们温暖的脸。其实很多时候,我们对别人给予的爱都习以为常,而忽略了怎样去回报。

教堂里的花有很多,每个礼拜天都会有人买花送给教堂。约翰蹲下身告诉男孩说:"孩子,你做得很对。如果你想要感谢祖母的话,仅这一朵花太少了。你看外面那花坛里有很多玫瑰花,你再去摘几朵其他颜色的花来,然后放在一起,会更好看的。"

"谢谢先生,我原来只想要一朵,可是我现在却有了一大束鲜花。"

过了一会儿，小男孩抱着大把的玫瑰花走了，留下了一路芳香。约翰仿佛看到那些鲜花从男孩小手上递到祖母手上的时候，祖母那满是皱纹却又无比开心的笑脸。

对于美学研究对象的定义，学术界一直以来都众说纷纭，缺乏一个最准确、最直观的概念。鲍姆加登曾经阐述过美学所针对的就是感官方面的研究，美学就是感性学，但是这个说法并不全面。后来经过了大量的论证，整个学术界形成了三种观点：

1. 美学应该针对美本身进行研究。这里所谓的美本身，不是某种事物单独具有的美，而是所有此类事物普遍存在的美，也就是定义事物审美意义的参考值。

2. 美学所研究的对象应该是艺术。美学就是从哲学的角度上来分析艺术，这在西方是被普遍认可的一种见解。

3. 应该把审美过程中产生的经验和心理作为美学研究的对象。学术界把经验和心理列为审美对象，缘于十九世纪心理学的兴起。心理学是研究人类心理活动和行为表现的一门学科，从心理学的角度上来研究和解释一切审美活动，进而把审美经验和审美心理推向美学研究的中间地带。

对于以上三种观点，各个时期都有不同的理解和认识。传统观念认为，第一种最符合美学研究的本质，外界所有的审美活动和审美现象最后都依赖于美的本质上的诠释，因此对美的本质的研究是最基础，也是最根本的。但是现代学者更倾向于第二种，美就是对艺术的阐述和解释，美学等同于艺术哲学。如果一种事物或一件艺术作品不能用哲学的角度来审视的话，就无法判定其美学价值。

小知识

老子（约公元前571年～公元前471年），名李耳，字伯阳，又称老聃。中国古代最伟大的哲学家和思想家之一，被道教尊为教祖，著有《道德经》。

美丽的世界,美学的生活——美学的基本原理

爱因斯坦教人欣赏乐曲 教出了美学研究的任务

美学研究的任务,除了能真实地解释审美现象和事物本质,帮助人们懂得怎样创造美、欣赏美,以及了解这其中的规律以外,还在科学研究的层面上起到完善和发展美学学科本身的作用,以此提高人类的精神境界。

巴赫是德国著名的作曲家、管风琴及羽管键琴演奏家,他的作品萃集了意大利、法国和德国传统音乐中的精华。在一场室内音乐会上,年轻人杰罗姆刚好坐在了大名鼎鼎的爱因斯坦身边。

"你喜欢巴赫的作品吗?"随着周围阵阵的喝彩声,爱因斯坦轻声地问杰罗姆。杰罗姆非常尴尬地说:"说实在的,我对巴赫一无所知,我从来没有欣赏过他的作品。"

爱因斯坦一脸关切地问:"你从来都没有听过巴赫的乐曲?那么好吧!跟我来好吗?"他把杰罗姆领上楼,让进了一个房间。

"你有没有喜欢的乐曲?请回答我。"爱因斯坦问道。

杰罗姆忐忑地回答:"我喜欢有词的歌,还有那种我能哼唱的曲调。"

爱因斯坦笑着点点头,说道:"也许你能举个例子。"

杰罗姆鼓足勇气说:"可以,比如平·克劳斯贝的作品。"

爱因斯坦点点头,大声说:"好极了!"

接着,他走到房间的角落,打开一台留声机,开始找起唱片来。很快,他便放上了唱片,霎时书房里响起了轻快活泼的乐曲,这是平·克劳斯贝的《黎明时分》。放了三四节后,爱因斯坦关上了留声机:"你能告诉我刚刚听了些什么吗?"

杰罗姆没有回答,而是复唱了一遍,并尽可能克服粗声大气的毛病。

一唱完,爱因斯坦就高兴地嚷道:"你能欣赏音乐!"

杰罗姆喃喃地辩解道:"这是我平时最爱哼的歌曲,都唱过几百遍了,并不能说明什么。"

"这能说明一切!你还记得学校里第一堂算术课吗?假定在你刚刚接触到数字时,你的老师就让你演算一道有关除法或分数的题目,你能够做到吗?"

"不能,当然不能!"杰罗姆肯定地回答。

爱因斯坦高兴而又得意地挥动了一下手中的烟斗说道："没错！那是无法办到的！你会感到困惑不解，因为对除法和分数一窍不通。结果，很可能由于老师的这个小小的错误而使你一生都无法领略除法和分数的妙处。听音乐也是同样的道理，这令人陶醉的简单歌曲正如最基本的加减法，现在你已掌握了，我们可以进行一些比较复杂的课程了。"

说完，爱因斯坦伸出手臂挽住杰罗姆说："我们去听巴赫的作品！"

但当两人回到客厅时，音乐会就结束了。

女主人来到他们身旁说："非常可惜，你们没能欣赏到大部分音乐节目。"

爱因斯坦急忙站了起来："我也很可惜，可是我和这位年轻的朋友刚刚做出了人类所能够做的最伟大的事业。"

"真的吗？"女主人完全困惑了，"那是什么呢？"

爱因斯坦笑着搂住了杰罗姆的肩膀，一字一顿地说："开拓了美的新领域！"

美学研究带给人们的，除了能真实地解释审美现象和事物本质，帮助人们懂得怎样创造美、欣赏美，以及了解这其中的规律以外，还在科学研究的层面上起到完善和发展美学学科本身的作用。美学学科的完善，不仅能够提高人们的审美能力，而且还能够提高人类的精神境界，让人类从审美的角度来追求生命的完美和寻找生命的意义。

德国诗人荷尔德林曾经写过这样的诗句：愿人们栖居在充满诗意的大地上。海德格尔也曾经说过，人类一切的生产生活以及一切的创造，都应建立在"诗意地栖居"这个基础上。海德格尔所处的时代是一个被技术控制的时代，所有与技术无关的事物都遭到了社会的歧视与拒绝，这是一个精神极度贫乏与麻木的时代。美学的任务就是以一种关怀的态度提醒人们，在提高审美能力的基础上，努力寻找和发现自我的生存价值。

人们一味追求物质享受，就会导致拜金主义之风盛行，人类的精神世界就会逐渐萎靡。美学研究的目的就是提高人类的自我认识，并把这样的思想融入到文学作品中，以生动感人的形象唤醒并提高人们的审美意识，进而使他们能够真正脱离平庸和愚昧，以一种超凡脱俗的形象"诗意地栖居在大地上"。

哲学家痛苦于美学的研究方法

美学是一门独立学科,它研究的是美的本质和意义。但是在研究审美现象的同时,也要注重对人类的研究。二者相辅相成,不能把人与事物剥离开来,更不能单独去研究与人无关的事物本质。

坐在岸边的礁石上,哲学家凝望着大海。起伏的浪潮拍打着礁石与海岸,仿佛在向世界讲述着它生命中一个又一个奇异而又惊心动魄的故事。

在夕阳的照耀下,一切都是那么安静和祥和,可是此刻哲学家的内心却充满了困惑和迷惘。他一直在思考着这样一个问题:"人的一生就像这深邃的大海,充满了希望,但是又有许多深沟与暗流,当遇到艰难和伤痛的时候,又该如何来解脱呢?"

这时,两个贵妇说笑着从哲学家身边走过,她们看到哲学家一个人在礁石上坐着,便停住脚步问道:"你怎么一个人在这里发呆啊?你没看到太阳都快落山了吗?"

"我没有发呆,我是在想一些问题。"哲学家说完把食指放在嘴边做了一个安静手势,然后又继续面对大海。

"问题?哈哈,有什么可想的问题,你一定是看书看傻了,整天把自己打扮得像个学者一样。其实人生哪有什么问题,所谓的问题都是编来耍你们这些书呆子的。"其中一个涂着口红、打扮得很妖艳的女人不以为然地说道。

"你错了,从哲学的角度上来说,人生充满了各式各样的问题,它们无时无刻不在困扰着我,让我连在吃饭和走路时都不能放弃对它的思索。"

"可是你费尽脑筋考虑这样的问题,每天把自己弄得痛苦不堪,有什么意义呢?人的一生这样度过,不是一种浪费吗?你看我,找了一个有钱的老公,有了钱,这世界上就几乎没有什么能够让我发愁的事情了。三个月前,我嫌待在家里闷,他就给我买了一辆车,我可以想去哪儿就去哪儿。就在上个礼拜,他又在我生日的时候送给了我一个镶着三克拉钻石的项链。你看看,多漂亮!"说着,她把脖子上的项链捏在手里,故意向哲学家炫耀。

"是啊!夫人,你很快乐,你不用考虑任何问题,不费一点脑子,就能过得很快乐，而我则必须要考虑很多问题，也许我们生来就带着不同的使命。可是如果人们都像你这样活着，生命真的就没有任何意义可言了。"说完，哲学家从礁石上跳下来，头也不回地走了。

从柏拉图的那句"美是什么"开始，人类就真正进入了对美的探索与发现的进程中。美的本质是什么？该用什么样的方法来探寻美的本质？各个历史时期的美学家们都为此付出了艰辛的努力。首先，要承认美学是作为一门学科，这是研究或者解释审美现象中的一些感觉和认识的一门学科。其次，要承认美学与人类的生存息息相关，在研究审美现象的同时也要注重对人类的研究，二者相辅相成，缺一不可。在研究事物本质的时候，要从人的角度出发，而不能把人与事物剥离开来，单独去研究与人无关的事物本质。

西方探讨美的本质，从柏拉图、普罗提诺、黑格尔代表的客观精神，到休谟、康德代表的主观精神，从亚里士多德、霍加斯代表的物质方面，到狄德罗、车尔尼雪夫斯基代表的物质与精神统一的方面，这些探讨都充满了强烈的思辨与争论。

相比之下，中国古代哲学家对于美的探讨则是着重于"道"、"气"、"妙"等几个方面，这是从整个宇宙的意蕴和人的精神领域来探寻美的本质。如儒家学派所讲的"比德说"，所强调的就是一种人与自然合一的状态，人与自然之间互相依存，互相影响，人类的旦夕祸福完全可以从自然现象中寻找到答案。在探寻美的本质的过程中，以自然化、客观化去掌握人的性格，把自然人格化、道德化，进而使美的本质达到天人相感、阴阳相合的状态。

小知识

柏拉图（约公元前427年～公元前347年），古希腊哲学家、教育家。他十分重视教育的社会作用，在西方教育史上最早提出教育具有重大政治意义的思想，把教育看做是建立和巩固"理想国"的工具，并认为教育是改造人性的手段。他一生著述较多，其教育思想主要表述在《理想国》、《法律篇》等著作中。

第一篇
美丽的世界,美学的生活——美学的基本原理

小镇的唱片唱出美学思想的发展史

在整个历史演变的过程中,美学的发展轨迹可以分为胚胎、成型、系统发展和现代发展四个阶段,并逐渐划分为哲学美学、艺术美学、心理美学、技术美学和生活美学等各类分支。

在偏僻的山区,有一个很小的村庄,这个村庄住着几十户人家,由于自然环境所限,他们平日里做完农活就无事可做了。尤其是到了冬天,很多年轻人都聚在一起喝酒赌博,每当喝醉酒或者是输了钱,就站在村口谩骂起来。他们的生活就这样一天天地过下来,连他们的孩子也在这种烦躁的环境中沾染上了骂人的恶习。

有一天,村子里来了一位老人。他带着两个很不起眼的木箱子,住进了一个小客栈。村子里没有人关心这位老人的来历,他们依旧如往常一样过着自己的日子。

在一天清晨,大家都还没有起床,就隐约听见一种奇妙的声音,婉转悠扬,如丝线般柔顺,又如绸缎般的流畅,它甚至勾起了村里人心底深处最柔软、最缠绵的那根弦。这是什么声音?它是从哪里传来的?顺着声音,村里人来到了老人的住所,原来声音是从一个很奇特的机器上发出来的。

"这是什么?为什么会发出这么好听的声音?"

老人微笑着说:"这是唱片,声音就是从这上面发出来的,这都是我年轻时最喜欢听的音乐,我现在老了,但这些音乐听起来依然那么悦耳。人老了,就喜欢怀旧。"

老人的唱片引起了村民们的注意,他们每天都挤在老人的房间里听音乐,在和老人一起分享快乐的同时,也给自己的生活增添了些许情趣。渐渐地,站在村口骂人的现象少了,音乐让小山村多了一份安宁,也让这里的人们相互之间多了一份信任和友好。

老式留声机

10

在整个历史演变的过程中,美学的发展轨迹可以分为胚胎、成型、系统发展和现代发展四个阶段。

1. 在原始社会,美处于刚刚启蒙的胚胎阶段。原始人类对自然、社会、艺术等表现出了对美的最初认识,他们的思想和意识中逐渐产生美的萌芽,继而创造出美的雏形。

2. 随着社会的发展,人类进入文明时代。随着生产力和生产方式的进步、科学以及艺术的发展,人类的思维方式开始改变。在这种前提下,美学思想也逐渐清晰化、自觉化、理论化,美学家们把对美的研究和发现,以及总结出来的一系列的经验,都一一记载在哲学、文学、伦理学等文献之中。

3. 从十八世纪到十九世纪中叶,人们开始有系统地研究美学。在这一时期,德国美学家康德建立了主观唯心主义的美学体系,黑格尔建立了客观唯心主义的辩证的美学体系。而在马克思主义的美学理论中,又论证了美是从实践劳动中创造出来的,并阐述了人的自然化、人本质的对象化以及人的审美意识和审美能力是对现实状态的一种直观反映等美学观点。这种系统化的美学研究已逐渐走向成熟。

4. 从十九世纪后半叶至今,在微观与宏观、综合与分类、理论与实际相结合的过程中,逐渐衍生出哲学美学、艺术美学、心理美学、技术美学和生活美学等各类分支。

小知识

伊曼努尔·康德(1724年~1804年),启蒙运动时期最重要的思想家之一,德国古典哲学和古典美学创始人。其代表作是《纯粹理性批判》、《实践理性批判》和《判断力批判》。

歌唱家的爱情诠释了美学存在的意义

美学是人类社会实践、审美实践、创造美实践的产物,是对人类与个体的历时性、共时性审美及创造美实践经验的理论概括。它的诞生对于繁荣艺术起到了推波助澜的作用,同时还推动了哲学社会科学、自然科学的发展。

在一座小城里,歌唱家几乎是家喻户晓的人物。他以潇洒的举止、魁伟的身形和浑厚美妙的歌声迷倒了众多异性粉丝。可能是"熟悉的地方上没有风景"的缘故,歌唱家的妻子却对他的魅力不以为然,最终离开了他。

那时候,歌唱家已经病入膏肓,长期的腹泻和厌食让他浑身乏力,精神也萎靡不振。由于他沉浸在婚变的绝望苦痛中无法自拔,所以他一直拼命隐瞒着自己的病情,也从没有去医院治疗的想法。

歌唱家有一个妹妹,在一所幼儿艺术学校当教师。妹妹有一个很好的朋友,是一个文静美丽的乖女孩,深得妹妹信任,妹妹就把哥哥的病情告诉了这个女孩。没想到不久之后这个女孩也病倒了,同样是腹泻,没过几天,女孩就变得面容憔悴神色枯槁。妹妹把这个女孩引荐给了歌唱家,也许是同病相怜,本来心情沉重的他,却反过来不停地安慰和鼓励着女孩。

女孩被感动了,在绝望中向他提出了一个请求:希望在她生命最后的日子里,歌唱家能够为她谱写并亲自演唱一首歌曲。如果放在过去,这根本不算什么问题,歌唱家不仅歌唱得非常好,作词和谱曲也很擅长。可是这时的他身体虚弱不堪,走路有气无力,说话气喘吁吁,根本无法提起精神进行创作。

女孩用充满期待和执拗的眼神盯着他,流露出无尽的哀伤。歌唱家怎忍心拒绝?他诚实地告诉了女孩自己目前的身体状况,要求女孩要勇敢地坚持下去,耐心等待。从此,每个黎明和黄昏,他都会接到女孩的电话。她在电话里传递着同一个信念,她在等待着,等待着……

歌唱家的病情开始慢慢好转。终于有一天,他不再感到头晕眼花了,于是欣喜地拿起笔,创作了《春天的爱》这首歌的歌词。接着,他兴奋地在电话里告诉女孩,他的身体好转了起来,已经写好了歌词,正在谱曲,并且偶尔还能哼唱几句。虽然现在他写得不理想,唱得也不好,但他对未来充满了信心,相信有一天一定能写好、

歌唱家的爱情诠释了美学存在的意义

唱好这首将要送给女孩的歌。女孩在电话里声音哽咽,她说她会继续等待,等待着春天的到来。

又是一个春回大地、百花盛开的时节,歌唱家终于谱写好了那首特地为女孩创作的歌曲——《春天的爱》。在妹妹的陪伴下,女孩和歌唱家见了面,歌唱家动情地为女孩演唱了这首饱含深情的歌曲。当歌唱家唱完歌曲,女孩激动地扑进他的怀抱,眼里流出了幸福的泪水。

那个女孩就是歌唱家现在的妻子,她是为了挽救他才和他的妹妹合演了这个凄美动人的故事。

人们从现实社会的劳动实践、审美实践、创造实践的过程中逐渐发现美,进而产生了美学。美学的诞生对于繁荣艺术起到了推波助澜的作用,同时推动了哲学社会科学、自然科学的发展。

美学的意义在于:

1. 美的本质来自于实际的劳动创造,所有与美有关的创造都是一种具体的劳动。劳动缓解着个体与其对象之间的紧张关系,同时把人从这种矛盾状态中解脱出来。由于个体在生活中所面临的对象是纷繁复杂的,所以劳动的形式也是多种多样的。

2. 在创造美的过程中,其劳动的性质是自由的,如生活中的绘画、舞蹈、植树、建筑等劳动,都是建立在一种自由的基础上。所以说,凡是能够体现自由理念的活动和劳动成果,都被认为是美的东西。

3. 美是身心愉悦的劳动,所有的美好事物都是建立在自由劳动的基础上,事物本身是劳动的成果,同时也是自由性劳动的一种表现,自由性被融合在劳动成果中,进而展现出美的本质。

小知识

奥古斯丁(354年~430年),古罗马帝国时期基督教思想家,欧洲中世纪基督教神学、教父哲学的重要代表人物。他的理论是宗教改革的救赎和恩典思想的源头。

无言的相助
展现了美学学科的人文品格

美学对于人类如何挖掘与探索自身的人文特点有非常重要的帮助,美学中存在的美的意识和美的氛围化解了学界中紧张的批判精神。人们往往把美学中的人文质量与美学的研究对象联结在一起,美学的人文质量主要体现在尊人、尊真和尊史这三个方面。

威廉·渥兹涅斯曾经讲过这样一个故事:很小的时候,父亲带他去看马戏,那时候家境不太好,看马戏也不是常有的事,所以一说去看马戏,当然是令人兴奋的。一切都准备完毕,父亲便带上他去剧院了。

排队买票时,在他们的前面排着很长的队伍,威廉·渥兹涅斯按捺不住焦急的心情,老是抬着脚尖张望。

排在他们前面的是一家人,这家有八个小孩,穿着很简单,他们始终手拉着手,嘴里还不停地跟他们的妈妈谈论着小丑的模样和大象精彩的表演。

终于轮到他们买票了,孩子的父亲走上前说:"我买两张成人票和八张儿童票。"售票员开出了价格,这时那个男子掏了掏口袋,面露难色,他妻子看出了端倪,刚才挂在脸上的笑容消失了——丈夫好像带的钱不够,可是又该如何跟孩子们解释呢?

渥兹涅斯和父亲目睹了这一切,这时候他看见父亲掏出了二十元钞票,然后随手丢在地上。接着,父亲拍了拍前面那个男子的肩膀,说:"先生,这钱是你刚才掉的。"

那个男子眼神迟疑了一下,随即明白了父亲的用意,他紧紧握住了父亲的双手,眼神满含着真诚的感激,嘴里不停地说:"谢谢,谢谢,我不知道该怎么说,这些钱比任何时候来得都有意义。"

在那位父亲说话的时候,渥兹涅斯看到他的眼睛里竟有晶莹的泪水。

渥兹涅斯家也不是富有的人,钱给了别人,自己便看不成马戏了,他们只好赶着马车转头回家。在路上,父子两人谈论着刚才发生的一切,渥兹涅斯的心情非常激动,他觉得这件事情带给他心灵上的收获远远高于看马戏本身。

美学对于人类如何挖掘与探索自身的人文特点有非常重要的帮助,美学中存在的美的意识和美的氛围化解了学界中紧张的批判精神。人们往往把美学当中的人文质量与美学的研究对象联结在一起,美学的人文质量主要体现在尊人、尊真和尊史这三个方面。

1. 尊人。尊人即尊重人类自然本性的体现,人类的爱美之心存在于表面,并不能够代表其本质上对美的追求,美学的功能对人类最初的爱美之心从理论上给出了有力的延伸与诠释。在最早的古希腊文学里,就把人看做是万物之尊;文艺复兴时期,人又被赋予"宇宙精华,万物灵长"的称谓;到了启蒙运动时期,人的地位甚至与上帝齐平。美学从诞生的那天起,就提倡人文主义。在美学发展的历史进程中,一方面从美学的角度把人们的精神推向一个高的层次,另一方面又把曾经赋予宗教神学的景仰摘下,加在人类头顶。

2. 尊真。美学把人类的审美文化推向了一个更高的层次,它既继承了人类审美文化的传统经验,又为这种文化找到了理论上的依据,进而使审美文化与理论完美地结合起来。这样的结合最注重的是真,所谓真,一是美学的一切理论都建立在真的基础上;二是用真来保证科学的规范和学科的自明性;三是用真实性来为唯美和泛美思想作有力的论据。

3. 尊史。美学崇尚西方的史学求真的精神,西方的史学如实地记载历史、如实地分析历史的发展轨迹,美学则是在这个求真的基础上,以文学的角度来对历史加以弥补和矫正。

小知识

普罗提诺(204年~270年),古罗马史上伟大的哲学家,柏拉图的忠实继承者。他发展了柏拉图"理念"论的非现实的一面,即"理念"与"现实"坚决对立的一面,进而进一步贬抑现实世界。他还较早地提出了这样一个论断:伦理学高于存在论,"实践理性"高于"理论理性"。

大师之战
为的是美的本质

休谟认为,美并不存在于事物的本身,而是存在于观赏者的内心,事物的美丑给人们带来的快乐与痛苦的感觉,就是美的本质所在。

十六世纪中期,为了装饰佛罗伦萨维吉奥宫的市政会议大厅,主办方欲请达·芬奇和米开朗基罗分别创作一幅巨画。达·芬奇是整个欧洲文艺复兴时期最杰出的代表人物,而米开朗基罗则是文艺复兴时期雕塑艺术最高峰的代表,这二位同被称为伟大的绘画家。

接到这个任务时达·芬奇已经年过五十,并且他的成就已经驰名全欧。主办方请他在这间大厅里绘一幅壁画,名字叫《安吉里之战》,内容取材于十五世纪佛罗伦萨和米兰之间的战争。达·芬奇很高兴地接受了这个任务,他说:"艺术是人类共有的财富,我希望我们包括整个佛罗伦萨通过这个方式来为世界留下点纪念性的作品。"为此,达·芬奇做了很长时间的准备。

米开朗基罗当时年仅二十九岁,他所接受的绘画任务是《卡辛那之战》,这是一场发生在十四世纪的佛罗伦萨和比萨之间的战争。

《卡辛那之战》与《安吉里之战》最后的结局,都是以佛罗伦萨的胜利而告终。主办方的意图不仅仅是让人们记住意大利历史上这两位杰出的绘画大师,更重要的是从他们的作品里领略到对佛罗伦萨的热爱和对保卫佛罗伦萨的英雄的崇拜。

两人的作品在一起展出,给观众带来的不仅仅是艺术上的享受,更多的是来自心灵深处的震撼。但采取这种形式进行展出,似乎是一场大师之间的竞争。

毫无疑问,接下来的事情与人们的想象基本一样,由于他们两人都把这场绘画看做是一场高手之间的竞争,所以在各自的绘画里都充满了冲突的张力。从达·芬奇的草图上就可以看出,他

《大卫》是米开朗基罗二十五岁时的作品,不仅为他奠定了文艺复兴大师的不朽地位,也成为佛罗伦萨人的骄傲和佛罗伦萨的精神象征

所画的人物表现出了野兽般的残忍——战士们咆哮着大张着嘴，像是要吃人肉。同时也展示了人与战马的躯体痛苦、恐怖的纠缠，透露出自己对人性暴力的看法。而米开朗基罗画的是战争边缘一个奇异又平凡的时刻：正在亚诺河中裸身洗浴的佛罗伦萨士兵突然听到敌军来临的消息，急匆匆地跳出水来穿铠甲。

达·芬奇所绘的《安吉里之战》手稿

两幅巨作所表现的都是一场没有硝烟、听不见炮声的战争，两人把战争赤裸裸地搬上了墙壁，在议会厅里偌大的墙壁上，他们淋漓尽致地宣泄着自己的情感。这使观众发现，其实情感还有另外一种表达方式，这样的表达方式脱离了时空，脱离了正常的思维与想象。两位大师用自己独特的手法使战争的核心暴露在人们的视野中，进而使人们看到了战争的残酷与荒谬。

从美学家的角度上说，美的本质就是一切事物之所以美的根据所在。美的现象存在于社会的各个领域，物质领域包括自然美和科技美，精神领域包括人类的心灵美、道德美和行为美；从生活角度来说，又包括人体、服装和建筑等；从艺术领域来说，包括舞蹈、绘画、音乐和美术等；从理论上讲，美的本质是唯一的，而美的表现形式是多样的。

那具体什么是美呢？美学家们对此经历了不懈的探讨与研究。

希庇阿斯认为，美是恰到好处，是符合黄金分割的一种比例，如维纳斯女神雕像。苏格拉底认为，美是有益于人类生活的，是视觉和听觉能够感受到的一种快乐的感觉。阿奎那认为，美是完整、是和谐，是鲜亮明快的感觉。克莱夫·贝尔认为，美是一种含有深刻意味的表达方式。休谟认为，美并不存在于事物的本身，而是存在于观赏者的内心，事物的美丑给人们带来的快乐与痛苦的感觉，就是美的本质所在。

小知识

戴维·休谟(1711年～1776年)，苏格兰的哲学家、经济学家和历史学家。他的伦理学观念主要体现在《人性论》一书上，之后又在一篇名为《道德原理研究》的短文中进一步阐述了他的理论。休谟的研究根基于经验主义，他认为大多数被我们认可的行为都是为了增进公共利益的。

浪子归乡
让人看到美的特性

美的特性就是美的事物的特点，它包括形象性、感染性和客观性三个方面。美的形象性指的是具体的事物本身，美的感染性指的是美的事物本身具有很大的吸引性、激励性和愉悦性，美的客观性指的是事物本身的社会性。

在挪威的一个村庄里，住着一户人家，年迈的母亲和儿子、儿媳虽然经济上不算富裕，但是吃穿不愁，和睦相处，日子倒也安稳。

儿子叫培尔·金特，是一个不太愿意安于现状的人，他觉得与其这样碌碌无为地度过一生，不如轰轰烈烈地闯荡一番。尤其是他看到了很多同年龄的人都出去做生意，回家的时候都穿金戴银，好不风光，心中更是按捺不住。于是，培尔·金特告别了母亲和妻子，带着渴望与梦想来到了遥远的城市。

培尔·金特是一个很聪明的人，可是他却不愿意脚踏实地打拼，总希望自己一夜暴富，因此他开始在赚钱的门路上动起了歪脑筋。三个月之后，培尔·金特便偷走了一个跟他一起做生意的同伴所有的钱，趁夜悄悄地逃走了。带着这些不义之财，培尔·金特又辗转来到了另外一个地方，在那里，他开了一间造假酒的地下作坊，并把这些劣质酒卖给附近靠挖煤挣钱的工人。可怜这些人在劳累之余，光想着喝点酒解乏，根本不会想到培尔·金特的酒会有非法的添加物。培尔·金特越做越大胆，为了赚到更多的钱，他竟然用价格更低廉的工业酒精来兑酒，结果，有两个顾客饮酒后中毒死亡。

造假酒出了人命，培尔·金特的酒坊不仅被取缔，而且还被收缴了所有的非法所得，他更被当局关进了监狱。

几年之后，刑满释放、走出监狱的他，看着眼前陌生的世界，想想自己这几年的经历，心里不免涌上一阵阵的酸楚。这时，他想到了自己那个温暖的家，想到了母亲和妻子。

培尔·金特记得，妻子经常在夜晚的烛光下纺纱，那时候，他就在旁边静静地听母亲讲故事。如今，在异乡漂泊、最后伤痕累累的他一心只想回到故乡，回到自己那个温暖的小屋。可是当他历尽艰辛回到故乡，面对那扇曾经推开过无数次家门的时候，却犹豫了。因为悔恨、愧疚，他无颜面对自己的亲人。

这时候，仿佛有心灵感应一样，门"吱呀"一声开了，妻子走了出来，她看到站在门口徘徊的培尔·金特,说道:"进屋吧!"

"你知道我站在门口吗?"

"我不知道,但是我每天都会这样出来看很多次,因为我知道你有一天会回来的。"

也许是回家的愿望耗尽了他所有的力气,此刻培尔·金特的身心已经疲惫到了极点,他走进屋子,只见那纺车还在,那烛光还在。他依偎在妻子身边,喃喃地讲述着这几年的经历,那不堪回首的往事一阵一阵地撕扯着他的心灵,最后他说:"我现在最大的愿望就是回家。"

"你已经到了家了。"妻子轻轻地提醒他。

"是吗?"培尔·金特环顾了四周,最后,目光落在妻子微笑的面容上,闭上眼睛睡着了。

美的特性就是美的事物的特点,它包括形象性、感染性和客观性三个方面。

美的形象性指的是具体的事物本身。每一件事物都是具体的,是能够感知的,如建筑、雕塑、盆景花卉等事物,当人们在欣赏它们的时候,心里会泛起一种愉悦的感觉。但并不是一切有形象的事物都能唤起人们的美感,能够唤起美感的是因为事物本身所富含的美的本质。

美的感染性指的是美的事物本身具有很大的吸引性、激励性和愉悦性,审美者能够因为美的感染力而引起感情的波动和情绪的变迁。美是把情感与事物有机地统一在一起,以移情、升华、共鸣三种形式传达给人们。而美的事物之所有会有感染性,是因为美的事物本身能够借助生动具体的感性形象来确认人的本质力量。

美的客观性指的是事物本身的社会性。美既是社会的,又是客观存在的,这两个方面不可分割。事物的社会性,指的是客观存在的社会的属性,而非主观上的社会情趣和社会意识。正如车尔尼雪夫斯基给美的定义:"美离不开人,离不开人类的社会生活。"马克思从真实的社会一定存在着客观的内容这个角度给美下了一个定义,美就是包含着社会发展本质、规律和理想而具有可感形态的现实生活现象。总而言之,美是一种真正蕴含社会深度以及真实生活的劳动形象。

小知识

尼古拉·加夫里诺维奇·车尔尼雪夫斯基(1828年~1889年),俄国哲学家、作家和批评家,人本主义的代表人物。他的著述涉及哲学、经济学、美学、文学、社会学等各个领域。其最重要的著作有《艺术对现实的审美关系》《哲学中的人本主义原理》《生活与美学》以及小说《怎么办?》等。

第一篇
美丽的世界，美学的生活——美学的基本原理

阿佩利斯的绘画展现出美的特征

美是人类实践活动的产物，是建立在真、善、美基础上的形式与内容的统一体。它以生动丰富的形象，引起人们心灵上的愉悦感受，是客观性与社会性的统一、形象性与理智性的统一、真实性与功利性的统一、内容美与形式美的统一。

阿佩利斯是古希腊的一位著名画家，他的绘画技艺精湛，人物表情神态自若、栩栩如生，从构思到染色都给人以无尽的想象空间。一直以来，他的作品都很受观众的青睐。

阿佩利斯的绘画艺术之所以会取得这样的成就，与他的性格有很大的关系。他对待自己的创作非常认真，绘画的题材也是取之于生活的，画布上那些人物的举手投足、穿衣戴帽都不会脱离生活的框架。为了能够找出自己绘画艺术上的缺点与不足，他常常在作完画以后，把自己的作品摆在外面，然后悄悄躲在屋子里，任凭路人对自己的绘画进行指点和评论。然后，他再逐一记录有哪些不足和缺陷，以便及时修补。

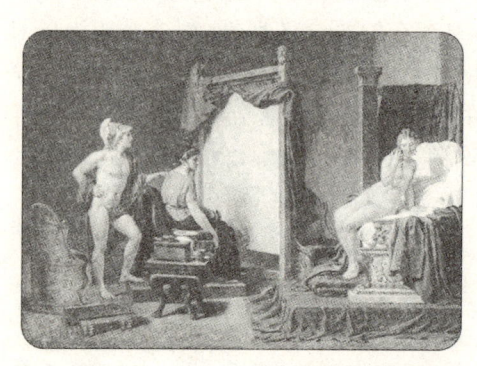

亚历山大大帝命令美女坎帕斯普将裸体展示在阿佩利斯面前，以供他作画。阿佩利斯见到这位雪肤玉肌、千娇百媚的模特儿，完全忘了手中的画笔，只是呆呆地望着她出神。亚历山大大帝见到阿佩利斯对坎帕斯普如此一见倾心，就把她当做礼物送给了他

有一次，他画了一个赶着牛车上市集卖东西的农夫，画完以后，他就把画放在路边。那条路时常有人经过，人们看到这里摆着一幅画常常停下来观看，大家七嘴八舌地议论着画的色彩与背景，有的拍手称赞，有的则默不作声。这时，有一个细心的老者说："这个赶车人的鞋带系法不对。"

阿佩利斯听见以后，赶紧从屋子里跑出来，虚心向这位老者请教鞋带的系法。老者见阿佩利斯态度很诚恳，便耐心地告诉他说："你所画的鞋带的系法是很容易松开的，尤其是走远路。如果是围在腰间的带子，这种系法还可以。"听完了老者的

话,阿佩利斯就把自己的画做了修改。

对待绘画如此精益求精的态度,使阿佩利斯的画技越来越纯熟,他的名气也越来越大,很快就得到了亚历山大大帝的赏识,被聘为宫廷画家。亚历山大大帝甚至只许阿佩利斯一人为他作画,其他画家都受到冷落。

有一次,亚历山大大帝请他来作画,阿佩利斯当即为其画了一幅昂首挺胸的奔马。可是高傲的国王却并不认可,老是用挑剔的眼光来寻找绘画中奔马的瑕疵,一会儿说马画得不真实,一会儿又说马画得很呆板。正巧这时,国王的一个侍从牵着一匹马从这里经过,这匹马看见了绘画中的马,以为是遇到了同伴,立刻嘶叫着奔了过来。

这时,阿佩利斯说:"国王,看来这匹马比国王更会欣赏画。"亚历山大大帝面红耳赤,不得不向他道歉。

美是人类实践活动的产物,是建立在真、善、美基础上的形式与内容的统一体。它以生动丰富的形象,引起人们心灵上愉悦的感受。总体说来,它具有如下几个不可分割的关联性:

1. 客观性与社会性的统一。审美客体之所以能够刺激人的感官、给人以美的感觉,是由审美的主客体之间的关系决定的。除了美感是主、客观的统一体之外,美的本质也可以是主、客观的统一体。主客体相互作用产生出来的美,作为主角立场的时候就是"美感",作为客体立场的时候就是"美质"。

2. 形象性与理智性的统一。从康德提出的"美是含有目的性的表现形式",到黑格尔提出的"美是感性的表现",再到车尔尼雪夫斯基提出"美来自于生活"等概念,皆证明人们对美的问题都有理性上的认识:美的根源就在于人的本质力量的对象化。人的本质力量指的是人在自然状态下的一种自由自觉的生存活动,人在创造生活的过程中,所表现出来的个性、智慧、才能、情感等都是本质力量的具体体现。无论是在自然界还是在人类生存的社会空间,所有美的形象都是人类理性的显现。

3. 真实性与功利性的统一。审美活动具备了功利性与真实性两副面孔,以及真、善、美、乐、用的五项功能。

4. 内容美与形式美的统一。内容指的是事物本身的内涵,形式指的是线条、结构和色彩。线条是视觉形象最基本的要素,它富有概括力,能够直接传达美感。

贝多芬修改音符体现了审美发生理论的辨析

由于人们对审美的理论出发点和审美的角度不同,美学家们对于审美发生的解释也是多种多样的:古希腊哲学家提出的"模仿说",雷纳克提出的"巫术与图腾崇拜说",达尔文和弗洛伊德持有的"性本能"说,莱辛提出的"游戏说"。

贝多芬在创作上是一个非常认真的人,有一段时期,他甚至想毁掉青年时期所作的歌曲《降E大调七重奏》和《阿黛莱苔》。这并不是偶然的想法——贝多芬常常审视自己过去的作品,认真总结经验和教训。

贝多芬曾经教过一个学生,名字叫埃雷奥诺勒,他跟贝多芬学习了四年的钢琴,后来由于贝多芬去了维也纳,两人便开始以书信的方式联络。1793年,贝多芬在维也纳的第一部作品问世,这是一部以咏叹调为主题的小提琴和钢琴变奏曲,其结尾有一段非常难以掌握的颤音。在给埃雷奥诺勒的信中,他这样写道:"我当时在维也纳演出,而某些人就想把我的一些与众不同的风格记录下来,窃为己有。不幸的是,他们的诡计被我发现了,我要让他们知道我的厉害,所以在他们的作品即将出版的时候,我抢先一步制作了这首钢琴变奏曲。不仅如此,我在结尾处还添加了非常难操作的颤音技术,这是他们无论如何也想不到的。当我的作品与他们的作品同台展示的时候,我看到了这些人脸上的尴尬和内心的不安。"

门德尔松曾公布了一份贝多芬的手稿。在这份手稿上,有一处修改特别醒目,竟然在一个音符上贴了十二层小纸片。他逐一将这些小纸片揭开,发现最里面的那个最初构想的音符,竟然与最外面的也就是第十二次改写的那个音符完全相同。由此看来,即使对于贝多芬而言,作曲也是一项十分艰苦的工作。在创作歌剧《费德里奥》时,贝多芬曾为其中的一首合唱曲先后拟定过十几种开头。他常常怀揣笔记本,随时记录,甚至在散步时也从不忘记录下突发的灵感。

贝多芬在晚年时曾发生过一件有趣的故事。一次,一位朋友演奏他的《C小调三十二变奏曲》,听了一会儿,贝多芬就问:"这是谁的曲子?"朋友脱口而出:"你的。""我的?如此笨拙的曲子会是我写的?"接着,他又喃喃自语地补充了一句,"唉,当年的贝多芬呐,简直是个大傻瓜!"

由于人们对审美的理论出发点和审美的角度不同,美学家们对于审美发生的

贝多芬修改音符体现了审美发生理论的辨析

解释也是多种多样的:

1. 古希腊哲学家德谟克利特和亚里士多德提出的"模仿说"。他们认为,人类对于美的创造是在生活生存的发展过程中对禽兽的临摹,如从蜘蛛那里得来织布的经验、从燕子那里懂得了造房、从百灵以及黄莺那里学会了唱歌等。人类本身就具有模仿的本能,一切的审美艺术都来自于人类对自然界和对社会的模仿。

2. 法国考古学家雷纳克提出的"巫术与图腾崇拜说"。在对原始人的考古中,雷纳克发现,一切的审美活动都是以巫术的形式表现出来的。如人类在狩猎之前,会采用舞蹈、咒语等形式来驱赶禽兽保佑自己。与巫术相关的,还有图腾崇拜说。早期的考古研究证明,人类所有的审美活动都与巫术和图腾有着紧密的联系,由此可以证明,人类最早的审美发生和形成是从巫术中来的。

贝多芬是德国最伟大的音乐家、钢琴家,也是维也纳古典乐派代表人物之一,他与海登、莫扎特一起被后人称为"维也纳三杰"

3. 达尔文和弗洛伊德所持有的"性本能"说。美的存在早于人类,并且不是人类社会所独有的,美是自然界一切生物的共性,这一共性表现在对异性的关注上。

4. 德国美学家莱辛提出"游戏说"。莱辛认为,人类的审美发生是从游戏中得来的。席勒在其《美育书简》里为这一理论做了补充,认为人类脱离动物的标志就是有意识地选择了装饰和游戏,游戏使人类的本性得到了自由的发挥,进而获得了一种愉悦的感觉。

小知识

戈特霍尔德·埃费赖姆·莱辛(1729年～1781年),德国启蒙运动时期剧作家、美学家、文艺批评家。其美学著作主要有《关于当代文学的通讯》、《拉奥孔》、《汉堡剧评》等。

卡拉扬闭目指挥
暴露了审美发生的条件和契机

由于人类对审美活动理解的不同,审美发生的契机可以分为四个方面:从无利害的愉悦性产生审美契机、无概念的普遍性、无目的和目的性、无概念的必然性。

卡拉扬是世界著名的指挥家,而朱尔斯坦是当代著名的小提琴演奏家,这两位世界级的音乐高手经常在一起合作。可是与其他音乐家不同的是,他们在一起合作的时候,都会有意识地闭上双眼,用这种独特的方式来感受潺潺流淌的音乐的魅力。这样的场景感动了很多人,有人曾经就此问过朱尔斯坦:"你们在合作演奏的时候为什么会闭上眼睛?难道就不怕出错吗?"

朱尔斯坦回答说:"真正的音乐是用心灵来感受的,而不是用眼睛看的,只有当我闭上眼睛的时候,才能把整首曲子毫无差错地演奏下来,使其如行云流水般滑过耳际,达到出神入化的境界。否则,我所弹奏的音乐就会很生硬。记得有一次在演奏的过程中,我偷偷睁开了眼睛,看到卡拉扬正在全神贯注地指挥乐队,他已经把身心投入到音乐中去了我不想打扰和破坏这难得的默契,那仿佛是一场心灵的对话。如果睁开眼睛,便失去了这种意境,如断线无法再续,所以我睁开眼睛的一刹那,便赶紧又闭上了。"

"一个称职的指挥家,不可能一边看着曲谱一边看着乐队,那样会使我的工作手忙脚乱。一首完整的曲子从头到底都是连贯的,而每首曲子在演奏到一半的时候,我心里就已经构思好完美的结尾了。所以,我只需闭上眼睛心无旁骛地指挥就行了。"这是卡拉扬对自己的要求。

卡拉扬还说:"在我看来,眼见的东西和耳听的东西其实是两回事,而乐谱是摆在我和乐队之间最大的隔膜,它会扰乱和混淆我的视力,影响我对音乐的判断以及临场的发挥。因此,在每次的音乐会前,我熟悉完谱子之后,便远远地把它抛开,用身心去感受音乐超然的魅力。"

审美的契机首先是发生在事物的质的方面,对于美的判断与事物本身给外界带来的利害无关,审美不但是简单的快乐,而是愉悦于这种快感之上的更高层次的愉悦感。

由于人类对审美活动理解的不同,审美发生的契机可以分为四个方面:

卡拉扬闭目指挥暴露了审美发生的条件和契机

1. 从无利害的愉悦性产生审美契机。根据康德的审美理论说,鉴赏审美的行为过程不应含有利害性,纯粹的鉴赏判断是事物的表象给人们带来的美感,与事物本身的实质无关。这是一种从主观的角度来做审美判断的理论说法,因为每一项事物本身给人们带来的快感和美感都是由其利害关系所决定的,因而康德的说法有失偏颇。

卡拉扬在音乐界享有盛誉,被人称为"指挥帝王"

2. 无概念的普遍性。这是一种源自于经验的审美判断,指的是一个人在面对某种事物的时候,单纯地因其形象而反射出来的愉悦感觉。这种判断既没有理论上的依据,也不与任何审美概念相关联,只是把快感作为审美判断的根据。

3. 无目的和目的性。如果抛开事物给人带来的愉快感觉这个前提,只从先哲的经验上来分析什么是目的的话,目的就只是一个概念,这个概念就是事物所存在的本质和依据。从客体的角度上看,一个概念的成因就是它的目的性,这种审美发生的契机不考虑事物任何的概念性,只涉及它的表象在被另外一个表象规定时的关系。

4. 无概念的必然性。每个人在面对美好的事物的时候,都会产生一种愉快的感觉,这是先天性的,不受客观理论和概念的影响。

小知识

查尔斯·罗伯特·达尔文(1809年~1882年),英国博物学家、教育家、进化论的奠基人、机能心理学的理论先驱。其主要著作有《物种起源》、《人类的由来和性选择》和《人类和动物的表情》等。

海登"制造"风暴
展示了审美发生的原初形态

能够激发人类行为的因素有两种:一种是来自外界的刺激,一种是内心意愿的驱使。外界的刺激,就能够激发审美预感,唤醒人们对美的感觉和意识。而审美发生的原初形态,也就是人类审美活动最初的起源,是来自于生命对生存环境信息的摄取和反映。

海登是奥地利著名的作曲家,但他最初却是一名合唱团歌手。十八岁那年,他在一个合唱团当歌唱员,由于一次严重的感冒,使得他的嗓子突然变哑,以至于后来竟连正常的声音都难以发出,没办法,他只好离开了合唱团。

出于对音乐的痴迷,海登并没有因此放弃音乐,他开始试着从另外一个方向打开音乐的大门——那就是尝试自己作曲、演奏。

为此,他买了一把小提琴,走上了自主创作的道路。海登所谱的曲子悠扬婉转、旋律流畅,逐渐地,很多朋友都知道他会作曲,并且他的作品在社会上逐渐流传开来。

海登画像

有一次,一个叫伯纳登·柯兹的人找到了海登。伯纳登·柯兹是当时著名的丑角演员,他想请海登为一部歌剧配曲,并强调说,歌剧中有一段是演绎海上风暴场景的,希望海登能用音乐的形式把风暴淋漓尽致地表现出来。对于作曲海登并不陌生,前面的工作也一直很顺利,可是到了风暴这一段,海登却停滞了,因为他根本没有见过大海,更没有见到过海上的风暴。"该用怎样的形式来演绎风暴的场景,让人们从音乐中找到风暴的感觉、感受风暴的威力呢?"海登为此愁眉不展。

后来,他虽开始试着谱曲,可是谱出来的曲子总是缺乏那种力度,不能带来震撼。他一次又一次地撕掉曲谱重新作曲,可是一个多月过去了,仍作不出令自己满意的曲子。无奈之中,海登只好去找伯纳登·柯兹,告诉他自己真的无能为力了,希望伯纳登·柯兹能给自己一点提示。可是伯纳登·柯兹却遗憾地说:"我也没有见过大海,也不知道风暴究竟是

海登"制造"风暴展示了审美发生的原初形态

什么样子。"

伯纳登·柯兹的回答让海登非常失望,他挥起拳头,猛地砸向桌子,并大声地吼道:"我怎么就写不出来风暴的曲子呢?这到底是为什么?"海登的咆哮声惊醒了沉思中的伯纳登·柯兹,他看着海登发怒的表情,若有所思地说道:"对,就是这个意思。"

"什么?你说什么?"

"你已经找到了感觉,就在你发怒的时候!别停止,继续!"

海登顿时恍然大悟,并借此完成了整部音乐剧的创作。

能够激发人类行为的因素有两种,一种是来自外界的刺激,一种是内心意愿的驱使。

1. 外界的刺激。当客体事物的特征与主体的愿望十分契合的时候,就能够激发审美预感,唤醒人们对美的感觉和意识,进而产生一种由认知到想象、由创造到策划、由获取到享受的一系列冲动。所以,美具有号召力和震撼力。

2. 审美发生的原初形态,也就是人类审美活动最初的起源,是来自于生命对生存环境信息的摄取和反映。这是一种具有特殊意义的信息,它从社会发展结构和劳动实践中得来,最后又应用在实践活动当中。从哲学的角度上说,人类所有的活动(科学、政治、道德、艺术等)都是由实践得来的,所以需要寻找出审美实践与其他实践之间的区别。

人类的审美意识是与生俱来的,这表明审美意识具有先天的遗传性,在后天的生产生活和劳动创造的活动中,这种审美意识又得到了发展与完善。一个事物存在的形式,与人的视觉、听觉的组织活动和艺术形式之间有一种对应关系,当这几种力作用在一起,达到一种结构上的一致的时候,就能激发人的审美兴趣。也正是在这样的"异质同构"的作用下,人们才能感到艺术作品或外部事物中所表达的"生命力"、"和谐"、"平衡"和"动力"等性质。

小知识

路德维希·安德列斯·费尔巴哈(1804年~1872年),德国哲学家。他对基督教的批判在社会上产生了很大影响,某些观点在德国教会和政府的斗争中被一些极端主义者接受,对卡尔·马克思的影响也很大。其重要著作有《阿伯拉尔和赫罗伊丝》、《比埃尔·拜勒》、《论哲学和基督教》、《神统》和《上帝、自由和不朽》等。

第一篇
美丽的世界,美学的生活——美学的基本原理

美丽的绿洲代表了自然美

自然美是自然状态下各种事物呈现出来的一种美。自然美是社会性与自然性的统一体,它的自然性表现在事物本身的属性和本质,它的社会性指的是社会实践中的美的根源所在。

有一个叫爱迪的年轻人,在自己的家乡生活了几十年以后,觉得不如出去看看外面的世界,或许有更适合自己居住的地方。打定主意以后,他便动身了。

一路走,一路打听,有人告诉他说:"好地方,莫过于绿洲。"

他一直往前走,一个月以后,终于到了这个叫做绿洲的地方。远远看去,那里天是蓝的,草是绿的,行走的羊群像一片片飘动的白云。爱迪的心情立刻变得兴奋起来,马不停蹄地走进绿洲。这时,他遇见一个老先生,便向老先生询问这里的情况。老先生非但没有回答他的问话,反而问他说:"你的家乡怎么样呢?"

"那个倒霉的地方,我一天都不想住。"一提到家乡,爱迪就满脸懊恼。

"年轻人,这里并不比你的家乡更好,你还是走吧!"

爱迪走了,老先生望着他的背影,默然无语。

过了几天,路上又来了一位年轻人,他同样向老先生打听绿洲的情况,而老先生的问话是一样的:"你的家乡怎么样?"

"我的家乡很好,那里青山碧水、鸟语花香,一年四季都有吃不完的瓜果,还有节日里姑娘们彻夜的欢歌。"

"小伙子,欢迎你的到来,这里跟你的家乡一样美好。"老先生的回答透着一种发自内心的喜悦。

"为什么你两次说的话并不一样呢?"旁边的人不解地问道。

"这取决于他们各自的欣赏能力。前者看什么都是挑剔的,用一种批评的眼光看世界,那么他所看到的都是事物的缺点与不足,连生长了几十年的故乡都一无是处,他还会爱上别的地方吗?而后者热爱自己的家乡,欣赏自己家乡的一切,说明他很有热情,用这样的眼光看世界,所有的地方在他眼里都是很美好的。"

自然美是自然状态下,各种事物呈现出来的一种美。自然美是社会性与自然性的统一体,它的自然性表现在事物本身的属性和本质,它的社会性指的是社会实

践中的美的根源所在。自然美的现象包括两大类:一类是存在于自然界中未经修饰的自然状态下的景物,另一种是经过修饰的人为改造的景物。

自然美主要有以下几个特点:

迷人的自然风光

1. 事物的本身是构成自然美的先决条件,它包括颜色、形状、材料和线条等一些自然特征,没有这些特征,就谈不上自然美。

2. 自然美偏重于形式。整体来说,美体现在形式和内容两个方面,它虽然是形式和内容的统一体,但是不同的审美所侧重的方面也不同,自然美侧重于形式美。它作为一种直观现象,是具体的,是人们随时都可以感觉到的,也是随时能够欣赏和享受的,如高山流水、花草树木、日月星辰等。而自然美的内容往往给人模糊不定的感觉,因此在自然美中,形式占据主要的位置。

3. 自然美的联想性。这种特点能够引发美感的事物,往往与人的联想有密切的关联,而且越丰富越奇特的联想,越能激发人对事物的美感。

4. 自然美的变易性。存在于自然界的事物形态都具有变幻无常的特点,随着事物形式的变化,人的审美角度和审美经验也发生变化。

小知识

西格蒙德·弗洛伊德(1856年~1939年),奥地利精神病医生,精神分析学派的创始人。他深信神经症可以透过心理治疗而奏效,曾用催眠治病,后创始用精神分析疗法。其著作有《梦的解析》、《日常生活的心理病理学》、《精神分析引论》和《精神分析引论新编》等。

毕加索的偶然失误揭示了形式美的重要性

形式美由两部分组成,一部分是构成事物本身的材料属性,另一部分是材料的排列规律。二者结合在一起,共同构成形式美的条件和法则。

毕加索出生在西班牙,他小时候经常跟着父亲去看斗牛比赛,那惊心动魄的比赛场景以及手持长矛的斗牛士,都在他的心里留下了深刻的印象。

长大以后,毕加索逐渐喜欢上了绘画。有一次,他突发奇想,为什么不把斗牛的场面和斗牛士英勇的瞬间绘制下来呢?于是,他带着满腔的激情,开始创作平生第一幅铜版画。

因为小时候看过很多次斗牛比赛,所以毕加索对斗牛士的形象并不陌生,很快,这幅作品的雏形就出来了:一位斗牛士右手手持长矛,全神贯注地盯着咆哮的公牛,丝毫没有怯意,这正是自己心目中的斗牛英雄。作品绘制完成以后,毕加索觉得很满意,就将铜版画交给印刷厂印刷。

可是印刷出来的画面,方向正好跟原作相反,只见斗牛士左手紧握长矛,而不是真实斗牛场上习惯的右手。毕加索看后大吃一惊,拍着自己的脑袋连连懊悔。原来,他只顾作画,竟忘记铜版印刷的左右换位的特点了。他原来绘制的是右手手持长矛,现在俨然变成了斗牛士左手持长矛,这看起来别提多别扭了。几分钟以前还兴致勃勃的毕加索,此刻像被泼了一头冷水一样,顿时心灰意冷,不知道该如何是好。

只因为一点小小的疏忽,竟让辛辛苦苦绘制出来的铜版画变成了废纸,毕加索越想越懊恼,但他又不舍得丢弃——毕竟这是自己生平第一幅铜版画。于是他把这幅画悄悄地收了起来。

半年后,毕加索在收拾旧物的时候,忽然间又看到了这幅画,便仔细端详起来。看着看着,他突然想:"这幅画不是很精美吗?那左手持长矛的斗牛士,那炯炯有神的目光,不同样深刻地表达着斗牛的英姿吗?"想到这里,他断然决定,这幅画就叫做《左撇子》!

令人意想不到的是,这幅画一经展出,就引起了很大的反响。人们喜欢这幅作品,除了精湛的绘画技艺之外,更多的是对"左撇子"这个艺术创作独特角度的

毕加索的偶然失误揭示了形式美的重要性

偏爱。

　　形式美由两部分组成,一部分是构成事物本身的材料属性,另一部分是材料的排列规律,二者结合在一起,共同构成形式美的条件和法则。

　　与美的形式有区别的是,形式美是一个完全独立的审美对象,它只体现形式本身的内容,与事物所要表达的内容没有任何关联。它的存在法则表现在事物的整齐与

毕加索的名作——《斗牛士之死》

参差、黄金分割的规律、过渡之间的照应、节奏与韵律、数量的统一以及层次上的鲜明感等。人们在长期的生活实践与劳动创造中,不断地认知和熟悉这样的规律,进而把它们记录下来,在与事物的形式因素之间相联结之后,总结出来了一些概念。这样的概念或多或少隐藏或表达着人类一种朦胧的意味和人类感情理念。

　　人类实际的创造过程,也是对美的事物进行不断地模仿和复制的过程。这样的活动同时也改善着具体社会内容,使之转化成为含有某种特定观念的内容。美的外在形式也在这样的活动中演化成为一种规范化的形式,发展成为一个具有独立审美理念的审美对象。

　　由于形式美在作品中的独立作用,艺术家们往往把追求形式美作为艺术创作的主要目标,把形式美定为作品的主要基调。但是形式美只有在与其相对的精神内容相结合的时候,才会体现出强大的感染力。所以,形式美只有作为目的,也作为手段时,它的本质与能量才会得到充分的发挥和体现。

小知识

　　鲍姆加登(1714年～1762年),德国哲学家、美学家,被称为"美学之父"。在美学史上,他第一次赋予审美以范畴的地位,认为审美是感性认识的能力,这种感性理解和创造美,并在艺术中达到完美。由此,"美学"作为独立学科诞生。其主要著作有《关于诗的哲学默想录》、《美学》和《形而上学》等。

31

席勒的潜心研究
促成了《审美教育书简》的问世

《美育书简》共有二十七篇，主要内容由席勒写给丹麦王子克里斯谦公爵的二十七封信组成，其核心思想就是追求人类本性的完善，提倡理性的自由。

席勒出生于德国符腾堡的小城马尔巴赫的贫穷市民家庭，他的父亲是军医，母亲是面包师的女儿。他从童年时代起就对诗歌、戏剧有着浓厚的兴趣。1768年他进入拉丁语学校学习，但1773年他被公爵强制选入其所创办的军事学校，接受严格的军事教育。诗人舒巴特曾称这座军事学校是"奴隶养成所"。

在军事学校上学期间，席勒结识了心理学教师阿尔贝，并在他的影响下接触到了莎士比亚、卢梭、歌德等人的作品，这促使他坚定地走上文学创作的道路。

1786年，席勒前往魏玛。次年，他在歌德的举荐下担任耶拿大学历史教授。从1787年到1796年，席勒几乎没有进行文学创作，而是专事历史和美学的研究，并沉醉于康德哲学之中。

1795年席勒发表了《审美教育书简》（又译《美育书简》），第一次明确提出了"审美教育"的概念，并对美育的性质、特征和社会作用做了系统阐释。

他从人本主义的立场出发，以美育理论为武器，深刻批判了启蒙理性的弊端，提出恢复感性的合法性，解除理性对感性的粗暴专制，并在此基础上阐述了具有现代性意义的美和美育范畴。

除了在学术上所取得的成就让世人仰慕外，席勒与歌德之间的友情也令后人津津乐道。

歌德二十几岁成名，三十岁出头就当了国务大臣，一生过着贵族生活。席勒虽然也二十几岁就蜚声文坛，但穷困与疾病一直伴随着他。尽管如此，歌德与席勒却保持着真诚的友谊。

席勒的友谊和勤奋使歌德从富贵享乐中惊起，又拿起笔来写作，包括《浮士德》在内的许多名作的问世，都与席勒的影响分不开。

歌德满怀深情地向席勒说："你给了我第二次青春，使我作为诗人复活了——我早已不再是诗人。"席勒也在朋友的鼓励下，抱病完成了最后一部伟大作品《威廉·泰尔》。这部作品的素材，都是歌德提供的。

他们一起出版过《女神》杂志，合办过文艺刊物《霍伦》，共同出版过诗集《克赛

席勒的潜心研究促成了《审美教育书简》的问世

尼恩》。他们常常是一个人构思、起草,另一个人修改润色,然后发表。互助的力量,使他们的文艺作品发出夺目的光辉。

席勒病故后,歌德悲痛万分,他说:"如今我失去了朋友,所以我的存在也丧失了一半。"二十七年后,歌德也完成了尘世的历程,安然长睡在席勒身边。

《审美教育书简》又译为《美育书简》,整部著作共有二十七篇,主要内容由席勒写给丹麦王子克里斯谦公爵的二十七封信组成,其核心思想就是追求人类本性的完善,提倡理性的自由。《审美教育书简》也是席勒从现代审美的角度编著的具有划时代意义的文献。

由于席勒是康德美学思想的追随者,所以人们在把他当做启蒙主义美学家的同时,也把他的《审美教育书简》看做是启蒙主义审美教育的经典性著作。

近代哲学的主体是理性主义和主体性哲学,人们把理想看做是最高的审美标准,赋予最高的价值。启蒙运动以实现理性主义为原则,理性的胜利也就意味着主体性的胜利,并且近代美学也是建立在这个基础上,把理性主义看做是感性的显现。

歌德与席勒手握象征友谊的花环成为魏玛的标志

有理性精神主宰世界,进而获得自我价值的圆满实现,启蒙思想所肯定的现代性理性主义,在席勒这里得到了严肃的宣判。

他揭示和批判现代社会人性的分裂和异化,而从现代美学意义和美育范畴上提倡弘扬人的感性本质,把美赋予鲜明的现代性,这种现代性就是建议人们把美和审美作为生活创造的范畴。

席勒认为,人类一切的审美活动都是建立在自由自主的基础上,这同时也是人类实现自由的主要途径。审美教育最突出的作用,就是唤醒感性,实现理性与感性完美统一性,进而造就人性的完美与完善。

小知识

约翰·克里斯托弗·弗里德里希·冯·席勒(1759年~1805年),德国十八世纪著名诗人、哲学家、历史学家和剧作家,德国启蒙文学的代表人物之一。他是德国文学史上著名的"狂飙突进运动"代表人物,也被公认为是德国文学史上地位仅次于歌德的伟大作家。

拉斐尔的爱情本身就是艺术品

艺术品就是指具有独特造型和独特表现形式的艺术作品,它由两个部分组成:一个是存在于作品中的线条、色彩、形状和声音等,这些被称为艺术品的形式成分;另一种是题材,题材是艺术品所要表达的内容和思想。

意大利文艺复兴时期"三杰"之一的拉斐尔所画的圣母,着重表现母性或少女的善良、端庄、纯洁和美丽。他为西斯廷礼拜堂所作的《西斯廷圣母》名闻遐迩,被认为是他的所有圣母像中集大成者。如果说达·芬奇是深不可测的深渊、米开朗基罗是高耸入云的山峰,那么拉斐尔就是一望无际的平原,在明媚的阳光下展现绚丽的风景。这幅《西斯廷圣母》就是拉斐尔以他的情人为原型所作,虽然他们因为各种阻碍没能在一起,但是以作画的方式让情人流芳百世,也是一件很浪漫的事情。

拉斐尔是一个天才画家,又出身名门,很多上层社会的王公贵族都想与之攀亲,特别是当时的红衣主教比别纳更是急不可耐地让自己的侄女与拉斐尔定了亲事。

《西斯廷圣母》为拉斐尔"圣母像"中的代表作,以甜美、悠然的抒情风格闻名于世

定亲之后的拉斐尔,并没有表现出想结婚的愿望,他一而再、再而三地推迟婚期,令很多人疑惑不已。后来人们才发现,这个画坛天才早已经有了意中人。但令人遗憾的是,他的意中人并不是大家闺秀,而是一个普普通通面包师的女儿,名字叫拉多娜·韦拉塔。当拉斐尔第一次见到她的时候,就被她那娟秀的容貌所吸引。当时拉多娜·韦拉塔正在自家的花园里濯足,喷泉的水珠喷溅在她秀美的小腿上,掬水女子旁若无人的表情让拉斐尔觉得这简直就是一幅画。从那时起,拉斐尔就经常来找拉多娜·韦拉塔,但是由于社会地位的悬殊,他们的婚姻注定得不到家人的赞同与支持,也注定会遭到社会舆论的攻击,所以他们的爱情只能保持一种秘密状态。

为了能与心爱的姑娘长相厮守,拉斐尔悄悄买了一处房屋,把拉多娜·韦拉塔接过来,然后又为她定做了一枚价格不菲的珍珠别针。在那个时候,珍珠别针是婚礼上新娘子佩戴的饰物,这也象征着拉斐尔与拉多娜·韦拉塔已经私订了终身。

秘密结婚以后的拉斐尔,不敢公开自己与拉多娜·韦拉塔的婚事,只能把自己对她的深情付诸在画里。毫无疑问,《西斯廷圣母》中的圣母就是以拉多娜·韦拉塔为模特儿的。为了纪念这对情人,法国画家安格尔还把拉斐尔和他的情人画在一起,题名为《拉·福尔纳丽娜》,福尔纳丽娜的真名就是拉多娜·韦拉塔。

拉多娜·韦拉塔有幸被拉斐尔化身为圣母,在画布上散发着圣洁的光。拉斐尔为她提供的住房被后人挂上了一个牌子,上面写着:"据历代史料,拉斐尔万分宠爱并使之流芳百世的人曾居住于此。"尽管如此,身为情人身份的拉多娜·韦拉塔仍然无法与拉斐尔生死相依。

1520年,年仅三十七岁的拉斐尔走完了他辉煌而又苦涩的一生。在四个月之后,人们发现,一位面包师的女儿加入了圣阿波洛尼亚女子修道院。

艺术品就是指具有独特造型和独特表现形式的艺术作品,它由两个部分组成:一个是存在于作品当中的线条、色彩、形状和声音等,这些被称为艺术品的形式成分;另一种是题材,题材是艺术品所要表达的内容和思想,这又被称作是联想成分或是表现成分。

从本身具有的可以交换的性质上来说,艺术品具有商品的特性,但是它又不同于普通的商品,它没有普通商品所具有的实用性和工具性,它的价值体现在精神文化领域,人们借欣赏艺术品来满足审美需要和精神需要。所以,人们主观因素就成为评定艺术品价值的重要依据。艺术品的价值与市场上的供需有直接的关系,而与自身的质量无关。

艺术品与普通商品的不同之处,还表现在它的产生方式上:普通商品能够复制和批量生产,而艺术品则不同。从逻辑的角度上说,对于它的价值的判定与社会必要劳动条件、劳动强度和劳动效率是没有直接的因果关系的,而它所具有的自主性、个体性、创造性和不可重复性等属性,使它拥有了一种无法掌握的价值。作为精神产物,艺术家在创作的时候,受时空与环境的影响,受自由精神的支配,所以每件艺术品都是独一无二的,它们的价值也不尽相同。

艺术品虽然也能从价格上体现它的价值,但是这种价格与价值的关系往往是复杂多变的。判断艺术品的价值要考虑多方面的因素,仅以艺术品的价格来确认它的价值,没有任何理论依据,同时也是荒谬的。

飞燕舞蹈
堪比美学中的人化自然

人化自然代表的是一个过程，既可以理解成是人类在长期的生产创造过程中把客观世界对象化的过程，也可以理解成是人的活动导致越来越多的对象由自然的生态系统转化为人工生态系统的过程。

唐诗绝句《汉宫曲》写道："水色帘前流玉霜，赵家飞燕侍昭阳，掌中舞罢箫声绝，三十六宫秋夜长。"用现在的白话翻译过来，读者就会发现诗中描绘了这样一个场景：在月儿皎洁的秋夜，洞箫吹着优美的旋律，在昭阳宫侍奉皇帝的赵飞燕，随着音乐的起伏跳起了掌上之舞。

赵飞燕在很小的时候，就被父亲送去阳阿公主府学习弹琴和跳舞。由于她聪明灵秀，很快就学会了各种舞蹈，在丝竹乐器的伴奏下，长袖起舞，婀娜多姿，再加上她那非凡的气质，宛若天外飞仙。

当时的皇上汉成帝刘骜是一个喜爱游玩的人，在阳阿公主府里，他第一次见到赵飞燕，就被她的舞姿和气质所倾倒，当即决定把飞燕招进皇宫，做了自己的妃子。

相传，赵飞燕能站在掌上起舞。皇帝刘骜曾命令太监两手并拢前伸，掌心朝上，让赵飞燕站在其掌上，在极小的面积上做出各种舞蹈动作。并且还特意造了一个水晶盘，叫两个宫女将盘上托，赵飞燕在盘上起伏进退，旋转飘飞，就像仙女在万里长空中迎风而舞一样优美自如。

为了能够随时欣赏到爱妃的舞姿，刘骜命人在汉宫修建了太液池，在池子的中央，建造了一个高达四十多尺的高榭，让赵飞燕在高榭上面跳舞。

高榭建成之时，正巧南越送来了为赵飞燕跳舞准备的云芙紫裙，这条裙子如蝉翼般轻薄，穿在身上，给人一种飘然若仙的感觉。一边是赵飞燕在高台上翩翩起舞，一边是丝竹声声、器乐合鸣，正当刘骜用手随着乐曲的节奏敲击玉瓶沉醉其中的时候，突然平地刮起一场大风，卷着赵飞燕的衣裙似要携她飞天而去。刘骜看得心急，忙大声命令侍卫抓住赵飞燕，以免她被风吹走。侍卫眼疾手快，急忙抓住赵飞燕的裙子，由于用力过猛，裙子被抓出了褶皱。正是这条裙子留住了赵飞燕，后来人们将这条裙子称为"留仙裙"。

"一朝天子一朝臣"，汉成帝刘骜死后，朝中群臣痛斥赵飞燕不能为皇室生个后代，就上奏新皇帝将其贬为平民。一个超凡的舞蹈家，最后竟被迫自杀，悲惨地离开了人间。

人化自然是马克思在其著作《一八四四年经济学哲学手稿》中，论述人与自然的关系时用到的一个专业术语。人化自然代表的是一个过程，既可以理解成是人类在长期的生产创造过程中把客观世界对象化的过程，也可以理解成是人的活动导致越来越多的对象由自然的生态系统转化为人工生态系统的过程。

自从人类诞生以来，就因为生存或者是安全的需要，开始了对自然万物的改造活动，"人化自然"的意思就是人的活动改变了自然，在自然界中，给改造对象印上了改造的标记。具体地说，就是人把自然界的事物当做是可以随自己的意志轻松驾驭的"器官"，随时可以根据自身的需要来改造自然。人在改造自然的活动中，逐渐体现出与自然之间所寻求的和谐关系，进而也达到了人与自然的统一性。

人化自然同时也是人类本质力量、智慧和才能的体现。随着社会的发展，人类本质力量越来越广泛地体现在对客观事物的主观改造上，使天然的自然变为人化的自然。

人化自然的活动的意义主要有：

1. 能够使其有害的一面变成有利的一面。
2. 可以从很大程度上提高审美性。
3. 人类在改造自然的过程中，增强了对自然界的了解，熟悉了它们的规律，使它们成为与人类生活紧密相连的一部分。
4. 经由改造，使自然界的事物都被拟人化、性情化，进而也实现了人们审美中的移情现象。

小知识

亚里士多德（公元前384年～公元前322年），古希腊斯吉塔拉人，世界古代史上最伟大的哲学家、科学家和教育家之一。他是柏拉图的学生、亚历山大的老师。公元前335年，他在雅典办了一所叫吕克昂的学校，被称为逍遥学派。其主要著作有《工具论》、《物理学》、《形而上学》、《伦理学》和《政治学》等。

寻找真爱的故事
揭示了宗教与美学的关系

上帝把人看做是"有罪之身",人类只有按照上帝的旨意来约束自己,才有可能洗清罪过。由此可见,基督教向社会所宣扬的美都是与神明的显现紧密相连的。

在一所很古老的教堂,每逢礼拜日,都会有很多教徒来这里。他们向神唱赞歌,向神表达自己的愿望、祈求和忏悔,同时希望得到神的帮助和赐福。

一天,十八岁的珍妮也来到了教堂,她低头合掌,一番虔诚的祷告完毕以后,打算离开。刚走到门口,她发现迎面走进来一位男子,这个男子跟珍妮差不多的年纪,相貌英俊,气宇非凡。珍妮在看他的时候,发现他也正在看着自己,她突然感到一阵慌乱,便急忙收回目光,匆匆离去。

又到了礼拜日,因为一直念念不忘上次遇见的男子,珍妮便怀着忐忑的心情来到教堂,期望能够再次遇见。可是人海茫茫,这种相遇的可能性几乎为零。上帝看透了她的心思,对她说:"我能够让你再次遇见他,可是你要坚守五百年的寂寞,你能做到吗?"

"能。"

为了能够见到心上人,珍妮毫不犹豫地答应了上帝的条件。于是,上帝就把她变成了路边大树下的一块石头,珍妮就在这里开始了寂寞的守候。

一百年过去了,二百年过去了,四百年过去了……珍妮承受着风霜雨雪和日晒雨淋,但却始终没有放弃当初的信念。直到最后一天,临近傍晚的时候,她终于看见朝思暮想的男子向她走过来了,还是那身装束,还是那样英俊,与当初遇见的一模一样。珍妮欣喜若狂,可是男子根本不会想到路边的这块"石头"已经为他等候了五百年。

五百年的守候换来了一分钟的相遇,珍妮又去求上帝,希望自己能够与他牵一次手。

"我能够满足你的心愿,但是这次你还要继续坚守五百年的寂寞,能做到吗?"

"能。"珍妮又开始了漫长的等候。

春去秋来,珍妮始终没有改变自己的信念,很快又到了五百年的最后一天,她又看到男子向她走来。可能是有些疲惫,男子走到树下,便不再走了,他坐了下来,顺手拿起身边的小石头,仔细端详着。他不知道这块石头就是珍妮,可是珍妮心里却是十分的温暖和幸福。过了一会儿,男子把石头丢下,又起身赶路了。

一千年的守候,换来了相互牵手,如果想永远守在一起呢?上帝告诉她说:"如果能再坚守五百年,你们就会在一起,永远也不会分开了。"

"他的妻子也为他守候了一千年吗?"

"当然,这是毫无疑问的。"

"我想我也能做到,但是我不想再继续了。"

"如果你打算放弃的话,那么有一个男孩要少等候五百年了,因为他为了能够看你一眼,已经等候了两千年。"

珍妮吃了一惊,同时她看到上帝眼里竟闪烁着晶莹的泪滴。

美学是感性和理性的综合,但是在西方的美学历史上,不同的派别之间争论的焦点却一直是侧重于感性还是侧重于理性。

前者注重于感官愉悦,后者注重于人格思想的提升。从主观意识上讲,康德倾向后者,但是他更主张二者相结合的美学观点,他的这种观点是把历史与现代的文化发展成果有机地融合在一起。

历史上,西方最早所倡导的是希伯来文化,他们把上帝看做是神圣的、无所不能的,为了寻求庇佑,他们把自己的命运完全归属于上帝,甘愿接受上帝的审判和统治。而上帝也把人看做是"有罪之身",人类只有按照上帝的旨意来约束自己,才有可能洗清罪过。基督教向社会宣扬一种怯懦、自卑、自甘屈辱的生活态度,否认自然的尘世生活,宣扬禁欲主义,认为所有的美都是与神明的显现紧密相连。

到了十六世纪,随着文艺复兴的到来,自主的人文主义开始活跃在历史舞台,他们反对神学和基督教,并摒弃一切信仰,只提倡自由自主的生活理念,张扬个性解放的思想。但是这种仅凭自然本性来施展欲望的生活态度,无疑是缺乏理性的,这实际上是把人从神的统治下解救出来,却又投进欲望的控制中。

这样的状态使得人们开始对文艺复兴初期否定神学和信仰的观点怀疑起来,他们试图经由改造信仰而使其"理性化"和"道德化",进而使最初的"神明显现"的美,转化成含有理想和道德信念的美。

音乐家学画画
混淆了美学学科之间的关系

由于美学与哲学在结构题材上不存在矛盾与分歧,所以美学能够以哲学的角度和哲学的逻辑方式发展壮大。

一位音乐家死后来到了天堂。

上帝对他早有耳闻,于是就说:"很高兴见到你这位名扬天下的音乐家。"

"惭愧,不敢当。"音乐家谦虚地回答。

上帝接着说:"你能不能演奏一曲让我欣赏一下呢?"

"当然可以,这是万分荣幸的事情!"音乐家痛快地答道。随即,他找来小提琴,演奏了自己的成名曲——《幸福的来世》。上帝深深陶醉了,久久沉浸在那美妙的旋律之中。

听完之后,上帝评价道:"果然实至名归!"

"谢谢谬赞。"音乐家微笑着说。

"如此优秀的音乐人才,如果来世不当音乐家简直就是暴殄天物。"上帝自言自语。

"我明白您的意思,您是想……"音乐家心情有些激动。

上帝爽快地告诉他说:"我决定让你到人间继续当个音乐家。"

"真的吗?太棒了,感谢您!"音乐家高兴得跳了起来。

上帝立刻安排手下把人间所有孕妇的相关数据都找来,让音乐家自己选择做谁的儿子。

音乐家的新爸爸是一个美术迷,但由于天赋有限,一生努力也没能成为画家。为此,他把成为画家的愿望全部寄托在了新出生的儿子身上。为了能让儿子成为绘画大师,在音乐家刚刚懂事的时候,一家人就开始营造美术氛围,努力培养他对绘画的兴趣和爱好。

音乐家非常讨厌画画,他痴迷音乐,渴望拥有一架钢琴,让世界充满美妙的乐曲。可是父母却强迫自己学习绘画,这让音乐家心里充满了烦恼,生活也因此变成了一团灰色。

当父母费尽周折,想方设法要把他送到一所全国一流的美术院校时,音乐家感到再也无法忍受了,他大声抗议说:"我坚决不去美术学院!"

父亲没有想到儿子竟然是这样的态度,忙问其中的原因。

音乐家大声叫嚷:"我不喜欢画画,我不要成为画家!"

父亲听了非常气愤,咆哮着说:"不当画家,你想做什么?"

音乐家毫不退让,斩钉截铁地回答道:"我喜欢音乐,我要当音乐家!"

父亲更加恼怒,大声吼道:"你是我的儿子,你身上流着绘画的血液,你没有音乐的天赋,必须去学绘画!"

……

经过激烈地争吵,音乐家不得不按照父亲的安排,去学习绘画,丢掉了自己喜欢的音乐。

然而,许多年过去了,他最终还是没有成为画家。

上帝目睹了这一切,感慨地说道:"人类又扼杀了一位音乐天才。"

人类最早并没有分门别类地建立各类学科,他们对于事物的美感和审美感官的理性认识,以及强烈的求知愿望,都是从实际的文化创造与社会实践中发展而来的,因此审美活动就成为了人类精神活动的主要支撑。由于美学与哲学在结构题材上不存在矛盾与分歧,所以美学能够以哲学的角度和哲学的逻辑方式发展壮大。

从历史上说,真正能够实现美学思维和美学感受的,是对美的定义和对美的规律的准确把握。对美进行定义使得审美对象有了通俗与高雅之分,同时也有了高级和低级之分,这也是美学有别于生活中其他感性活动的特征。苏格拉底透过演讲和教育的方式,把哲学从一个抽象的理念传播到人类中间,进而使人们在这个基础上寻找道德与理想主义的内涵。

在苏格拉底的观点中,美学的作用就是让概念形成一种推理,并建立起概念与概念、概念与推理之间存在状态的关系。美与善一样,都是一种合乎某种目的的东西,所以审美的意义不在于美的界定,而是在于如何寻找和揭示美所带给人的感受,以及人们对美的评价的相关性和一致性。

从整个美学领域上说,苏格拉底的美学是对审美对象的分析与揣测;柏拉图的美学研究是从世界的等级方面寻找美学的制度化;而康德则是完成了对形而上学的成功转向,最终实现了对古典美学具有历史意义的终结。

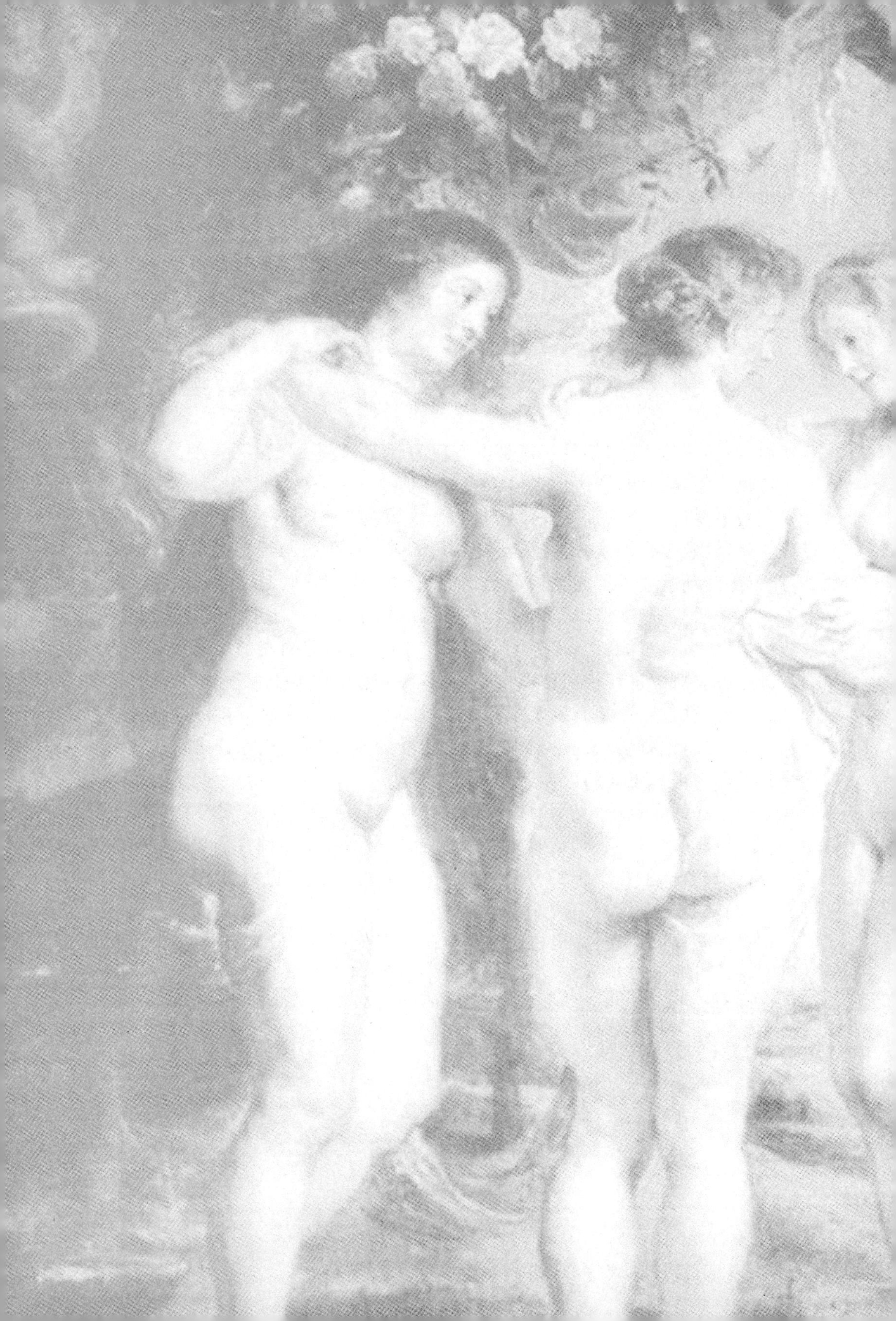

第二篇

美的发现,美的散步
——美学的发展

琴声保护下的古希腊美学

在古希腊美学家对美学的探索过程中,始终相信自然界有一个永恒的美的本体存在。从第一阶段的代表人物毕达哥拉斯开始,一直到第三阶段的亚里士多德,他们都不停地在探寻自然界中美的本体,注重真、善、美的信念与理论。

在天后赫拉的帮助下,阿尔戈英雄们摆脱了科尔喀斯人的追赶,来到了一座荒凉的岛屿。这时,阿西娜提前镶嵌在船上的占卜木忽然开了口,对英雄们说:"知道你们为什么遭到漂泊的命运吗?这都怪你们得罪了神父宙斯。现在你们唯一的出路,就是找到魔法女神喀尔刻,她会帮你们洗刷罪孽!"

英雄们经过了无数大大小小的部落,最后来到了魔法女神喀尔刻居住的岛屿。

当时,喀尔刻正在洗头,身边站满了各种怪兽。英雄们见到这一幕,吓得心惊肉跳——他们从没见过这么多怪兽!伊阿宋没有迟疑,他安排大家保护好船只,然后和美狄亚走出船舱,毅然地走进喀尔刻的宫殿。喀尔刻接待了这对外乡人,请他们落座,明白了他们的遭遇后,表示愿意伸出援手。

魔法女神喀尔刻宰杀了乳狗,向宙斯献祭,并祈求他给予自己洗刷伊阿宋和美狄亚罪孽的权力。然而,喀尔刻的努力没有效果,献祭完毕后,她明确地告诉美狄亚:"你的罪过太大了,你的父亲不会放过你。我也没有能力帮你,带着这位外乡人赶快逃走吧!"

美狄亚没有想到魔法女神都不能为自己脱罪,当即失声痛哭。伊阿宋二话没说,拉着美狄亚的手走出了魔法宫殿。

天后赫拉看到伊阿宋遭到拒绝,知道这又是宙斯在背后捣鬼。这让她很生气,于是急忙派遣海洋女神前去保护英雄们。

果然,伊阿宋和美狄亚一回到船上,就吹起温暖的西风。英雄们高兴极了,他们扬起船帆,顺风驶入大海,寻找新的家园。

在海洋女神保护下,英雄们一路都很安全,可是即将到达海岸时,竟闯入了女妖塞壬的领地。女妖唱着婉转动听的歌,吸引了英雄们的注意。如果被她的歌声迷惑,不管是谁都会葬身海底。为了抵制女妖的歌声,俄耳甫斯连忙站了出来,他弹奏起古琴,悠扬美妙的琴声,盖过了女妖的靡靡之音。

琴声保护下的古希腊美学

琴声保护了大多数英雄,只有忒勒翁的儿子波忒斯被诱惑,跳入大海追寻令人销魂的歌声。所幸爱与美的女神阿佛洛狄忒出手相助,把他从水中救了上来,扔到一座岛屿上,从此那里成为他的地盘。

美学思想最早起源于艺术家们对艺术思想性的辩论和探究。在世界各国的美学中,古希腊的美学成就最为突出。它从毕达哥拉斯学派延伸出来,又融入了赫拉克利特、德谟克利特和苏格拉底等人的美学思想,到了柏拉图和亚里士多德这一代,美学已经发展成为一门非常成熟的学科。

综览希腊美学的发展轨迹,大致可分为三个阶段:

1. 自然哲学阶段。这是美学最初的原始状态,人们接触自然、熟悉自然,艺术家们主要从自然本质的角度出发,来探寻美的存在和总结美学原理。这一时期的代表人物有毕达哥拉斯、赫拉克利特、德谟克利特等。

当俄耳甫斯拨动琴弦的时候,天上的飞鸟、水下的游鱼、林中的走兽,甚至连树木顽石都为之倾倒

2. 人文哲学阶段。这一时期的代表人物是苏格拉底、柏拉图,他们将研究美学的角度从以自然为本转向了以人为本,把对自然的思考转向了对理念的思考。他们把美看作是一种超越自然而独立存在的现象,并希望从这种现象里寻找到一个包括自然、人与社会在内的宇宙本体。

3. 艺术哲学阶段。在这个时期,哲学家们的关注点由抽象美转为艺术美,他们把艺术看做是美的载体,用悲剧、雕塑、建筑等艺术来表达美、发展美学。

在古希腊美学家对美学的探索过程中,始终相信自然界有一个永恒的美的本体存在,从第一阶段的代表人物毕达哥拉斯开始,一直到第三阶段的亚里士多德,他们都不停地探寻自然界中美的本体。除此之外,希腊美学还注重真、善、美的信念与理论,以上的美学家们都认为,认识真的过程就是体验美的过程,美是核心,艺术是载体。

讨要旧报纸的孩子发现了美在和谐

和谐是一种比例协调的状态,是复杂形式的统一体,这种和谐既存在于自然界,也存在于人体自身,如五官之间的距离、各个手指之间的距离,都体现出一种适当的比例。

一个冬天的黄昏,玛丽正在收拾旧书籍,突然听见门外传来一阵窃窃私语。她打开房门,发现门口站着两个衣衫褴褛的孩子,他们头发蓬乱、脸上全是泥斑,当看到女主人出来时,他们都露出了些许惊恐的表情。

这时,那个大一点的孩子说:"夫人,您有旧报纸吗?"

两个脏兮兮的孩子站在家门口,本来就让玛丽有些厌烦,她正想说没有,可是此刻恰巧看到了孩子们光着的小脚,不由得心里萌生出一丝怜惜。

玛丽把孩子叫进屋里,给他们端来了牛奶、面包和可可酱,然后又接着收拾书籍去了。

当她路过门厅的时候,那个小一点的孩子仰起脸问道:"夫人,您是不是很富有啊?"

"上帝保佑,我可不是有钱人。"

孩子们已经吃饱了,他们玩弄着手里的杯子和果盘,杯子和果盘的颜色是一致的,虽有些旧,但是看起来干净整洁。这就像玛丽的生活,简洁明了,但又不缺乏趣味。

填饱肚子,孩子们走了,带着玛丽给他们的报纸——那是用来御寒的。玛丽相信孩子们的内心是温暖的,足以抵挡外面的风寒。她想:"我一个普通的职员,在一个冬天的黄昏能够以自己的力量,让两个饥寒的孩子感到满足,这也算是我最大的安慰吧!而这种安慰,将在一定时间内,提醒我曾经是一个很富有的人。"

玛丽回到屋里,再次经过门厅的时候,看见那几个带着泥渍的脚印,像个问号一样留在地板上,不禁再次想起了孩子天真的询问:"夫人,您是不是很富有啊?"

美在和谐,这个命题最早是由希腊美学家毕达哥拉斯提出的,毕达哥拉斯创立了毕达哥拉斯学派,这个学派亦称"南意大利学派",是一个集政治、学术、宗教三位于一体的组织。毕达哥拉斯年轻的时候曾经周游世界,受埃及当地风俗的影响,他

讨要旧报纸的孩子发现了美在和谐

不仅了解了很多宗教方面的知识，而且还熟悉了自然与数学以及几何之间的联系。所以说，毕达哥拉斯不仅是一位美学家，而且还是一位哲学家、天文学家和数学家。

在探索天文的过程中，他发现天地之间有着和谐统一的状态，在天上发生的事情，地上也可以找到同样的现象。于是，他认为自然界的生存法则和人类的活动都受到宇宙整体的支配，这是一种以和谐为本存在的现象。艺术家们把这现象称作是和谐美，也就是美在和谐。

绘画大师鲁本斯所画的欧洲第一幅提倡素食的艺术作品——《毕达哥拉斯提倡素食主义》

毕达哥拉斯学派认为，如果对几何形式和数字关系的思考，能够让人产生一种精神释放的话，那么音乐就是一种可以净化人类灵魂的最有效的手段。宇宙万物之间的美是因为有和谐因素的存在，人类的灵魂和宇宙是一样的，也存在着一种支配和谐的能力，而音乐给人的快感正是基于宇宙和灵魂二者和谐的共同感应。音乐家把宇宙的和谐送达地球，送到人类中间，这种来自天上自然界的和谐以及由此产生的和谐美是持久的，也是永恒的。

小知识

毕达哥拉斯(约公元前 582 年～公元前 500 年)，古希腊数学家、哲学家。他是第一个使用了"哲学"这个词汇，并称自己为哲学家的人，也是最早悟出万事万物背后都有数的法则在起作用的人。他主张无论是解说外在物质世界，还是描写内在精神世界，都不能没有数学。

朱庇特的神话
体现了贺拉斯的古典主义美学思想

在文化本质上，古罗马美学一方面接受传统的模仿艺术形式，一方面又提出一个创造的概念，要求在传统形式上加以创造。创造是想象虚构的部分，但是这种虚构不能脱离现实，要站在对现实的正确分析和判断的基础上。

在古罗马神话中，关于朱庇特的故事非常多。

相传，朱庇特小时候生活在克里特岛上，由库雷特巨人照看。

一天，刚刚成年的朱庇特听到岛外传来一阵密集的战鼓声。原来，人类在正义神的支持下，拿起武器反抗萨图恩残暴的统治。朱庇特急忙冲出岛外，看到天上集结了一群身披金光灿灿战甲的士兵们，而地上则是一群衣不蔽体、手中全是长短不一的削尖竹竿的人类。

"哦，难道你们要去送死吗？"朱庇特径自走向人类，劝阻道。

"战死总比窝囊着死好！"一位头领看到朱庇特毫无敌意，便回答道。

"不，不许和他们战斗，至少你们要等我，我会帮助你们，我以神的名义。"朱庇特煞有其事举起右拳宣誓道。

"喔，可是……"

"别可是了，你们快跑，我来阻挡他们。"

在朱庇特的帮助下，人类集结的乌合之众四散逃开寻找藏身之处。而朱庇特则飞到天神军队的阵前，喊道："谁是首领，你们作为神祇为什么要屠戮自己的子民？"

这时，从军队中走出来一位战盔上插着一根长长羽毛的神，他身上的战甲闪耀着白色的光芒，他见到阵前只有一个乳臭未干的年轻人，顿时起了轻视之心，暗道："一个黄毛小子，能有多大的本领！"嘴上却说着："我就是首领。"

在克里特岛上，朱庇特被抚养长大

"我要和你单打独斗,如果我赢了你们都听我的,输了我任凭你发落。"朱庇特死死盯着这位首领一字一句地说道。

这位首领正是朱庇特的父亲萨图恩,他亲率大军前来剿灭人类。萨图恩盯着朱庇特看了看,半响才说道:"不,神祇是不会和你决斗的。"说罢,转身走向军队中。而此时,大地之神用她特有的方式告诉朱庇特:"孩子,那是你的父亲,你的兄弟姐妹都被他吞到肚子里了,你要先把他们救出来。"

朱庇特怔怔地听着大地之神的传话,头脑飞速地旋转,不久便想出了一个办法。晚上,朱庇特一人趁着夜色,来到萨图恩军队驻扎的地方,他观察了一下四周的情况,幻化成普通的士兵,跟随在巡逻队的后面,悄悄潜入萨图恩军帐中。萨图恩正在帐中和手下喝酒,朱庇特见是个机会,忙把刚刚制作的催吐药悄悄倒进喝得半醉的萨图恩杯中。没多久,萨图恩感觉肚子里翻江倒海,呕吐出一大堆还未消化的食物,连吃进肚中已长大成人的五个孩子也吐了出来。

"快跑!"朱庇特见到计谋成功,一脚将萨图恩踢晕了过去,拉着从萨图恩肚子里出来的兄弟姐妹一路冲出包围,安全脱险。

贺拉斯既是古典主义的开创者,也是欧洲中世纪美学代表人物。在文化本质上,他一方面接受传统的模仿艺术形式,一方面又提出一个创造的概念,要求在传统形式上加以创造。创造是想象虚构的部分,但是这种虚构不能脱离现实,要站在对现实的正确分析和判断的基础上。

贺拉斯主张文化应该具有教化性和娱乐性,这样才能使文化的发展更有意义。只有把教化性和娱乐性有机地结合在一起,以一种潜移默化的形式发挥其惩恶扬善的社会功用,才能让文化更好地服务于历史的发展,服务于人类。

在贺拉斯看来,一个诗人或者是艺术家,因为他的创作目的是以弘扬真、善、美为主,是以教育为目的,所以首先他自己必须具备良好的道德修养和人文素质,然后要对整个社会有一个正确的认识,能够洞悉善、恶、美、丑。

贺拉斯还把古典视为典范,进而创建了古典主义的理论雏形。古典主义建议在选材上尽量沿用旧题材,然后稍加创新,如诗歌的格律,欧洲许多文学家一直采用旧体。但是在语言上,贺拉斯不主张守旧,因为语言随着时代的发展一直在不断地更新,当代的语言能够更清晰地表达思想。

古罗马的古典文艺精髓就在于它的合成形式,既有古典文学的特征,又有不断更新的现代表达方式。

圣诞夜之歌
证明神才是美的起源

神学美学源于美学范畴,但又脱离了美学的感性和哲学层面的束缚,把艺术融合在神学里面,进而实现神圣的美之所在。

1818年12月24日早晨,离圣诞夜还有十几个小时,在奥地利小镇奥伯尔尼托夫,音乐家格鲁伯急匆匆走进教堂。

他坐上琴凳上,正准备练习当晚圣诞之夜要伴奏的圣歌伴奏曲。可是,当他用力踩动踏板,管风琴却没有任何反应,没有发出一丝琴音,只有一阵阵吱吱的漏气声吹出来,看来是管风琴出了毛病。格鲁伯急忙请牧师查看管风琴到底出了什么问题。

两人有条不紊地拆开风琴,仔细检查里面的器件,发现风箱上有许多小孔。牧师说,这大概是被老鼠啃的。可是马上就要演出了,这样的鼠洞该怎么修补呢?格鲁伯有些焦急地看着牧师。

"不要着急,看我的,保证不会耽误你在圣诞节的演出。"牧师微笑着劝慰格鲁伯。

格鲁伯不知道牧师到底有什么好办法,他有些疑惑地看着牧师,只见牧师从口袋里掏出一张纸,递给格鲁伯,并告诉他说:"这上面有一首小诗,你谱上曲子,然后教给孩子们,这不就成了?"

格鲁伯看了这首题名为《平安夜》的小诗,越看越觉得有味道,于是立即动手配上了曲子,接着兴致勃勃地把唱诗班的孩子们叫过来,让他们跟着自己学习这首刚刚创作的新歌。

歌曲动情又流畅,孩子们学起来也很投入,很快就学会了。随着圣诞夜钟声的敲响,这首来自平安夜的歌,带着温暖,带着希望,带着人们对美好未来的憧憬,开始回荡在夜空。

许多人听到了这首《平安夜》,把这首歌带到了很远的地方,带到了城镇、乡村以及世界的各个角落。当每一个圣诞夜来临的时候,人们都会听到这美妙的歌声,听到这来自平安夜的祝福。

神学美学是一种在神学沉思的基础上建立起来的学说,它起源于美学范畴,但

圣诞夜之歌证明神才是美的起源

是又脱离了美学的感性和哲学层面的束缚，把艺术融合在神学里面，进而实现神圣的美之所在。

神学美学的主要特征是打破了文化模式隔绝封闭的状态，为现代文化与美学研究开辟了一个全新的领域。

在巴尔塔萨的神学理念中，不可忽视美学在其中所起到的作用，神学借助美学的力量光大自己，所以巴尔塔萨的神学应该称为是一种神学美学。神学美学与其他非神学美学同出一辙，但是神学美学是站在神学的高度上去研究、分析一切美学的，这是神学美学与其他美学的区别之处。

巴尔塔萨的神学美学不仅与西方的主流美学思想同步，而且还融合了东方美学的思想，这使神学美学具有了浓重的后现代色彩。他从神学的角度给美学做了一次新的

巴尔塔萨认为，基督正是神的形象，是神荣耀的聚焦点

定位，因为神使真、善、美统一，所以美不仅仅源于真或者善，还是真与善的合一。神学美学把上帝作为美的本体而展开研究，这里的美是以是否关系到上帝的荣耀为出发点，并以此来定位美的高低。他的观点以上帝为基础，而上帝的美是可以建立在各种卑微的、低下的甚至畸形的形象之上的，这近似于以宇宙为基础的庄子美学。庄子美学不以宫廷贵族、宝马香车或者是珠囊宝饰为美，美更不是表面风光的谦谦君子，而是能够超越社会神人、真人、至人且德有所长的畸人、丑人。

小知识

巴尔塔萨（1905年～1988年），瑞士罗马天主教最重要的神学家与灵修作家。他从真、善、美的角度，把神学、哲学和文学糅合在一起。其主要著作有《主的荣耀》和《神学戏剧》等。

51

伯牙操琴
弹奏出先秦美学

先秦美学最初是从老子的美学思想中剥离出来的,它分为先秦道家美学和先秦儒家美学,前者的集大成者是庄子,后者的奠基人是孔子。

中国古代春秋时期,有一个才华横溢的青年,名叫伯牙,他拜成连先生为师,跟随他学古琴。由于伯牙聪明过人,很快便掌握了各种演奏技巧,对各种曲目熟练自如,自己也颇为得意。

对于伯牙的这种态度,老师成连先生很看不惯,因为伯牙虽然按照要求把曲谱弹奏出来,但若仔细一听就知道,因为没有理解曲子的内涵,所以他演奏的曲子多半是毫无意境的。

这样的音乐听上去很单调,没有可回味的地方或者可想象的空间,但是面对伯牙目前这个自傲的状态,该怎样有效地劝说他,才能使他接受自己的意见呢?为此,成连愁眉不展。

一天,伯牙带着琴来找成连。成连盼咐伯牙弹琴,伯牙弹完之后,成连在心里连声叹气,于是,他很坦诚地告诉伯牙说:"我的老师弹了一手好琴,无论是花鸟鱼虫,还是小桥流水,一听便知。"

伯牙希望能够认识这位高人,便央求成连带自己前往。

两人走了几天几夜,来到一个仿佛仙境的地方。

"这是蓬莱仙岛,我的老师就住在这里,你只需稍等即可。"成连说完就走了,留下伯牙一个人在这里等待。

蓬莱仙岛是人间仙境,远处雾霭缭绕、烟霞蒸腾,近处林间不知名的各种鸟儿在啁啾,清风吹过树林传来"沙沙"的声音。伯牙醉心于这里的环境,便安心住了下来,每天在这美妙绝伦的环境中一边弹琴一边等候高人的到来。日子过得很快,转眼十多天过去了,岛上依旧还是伯牙一个人。

又过了很多天,成连所说的老师依然没有来,伯牙当初等候的焦急心情已经逐渐消失了,因为有一种更大的力量在吸引他。在这里,他切身感受到了大自然的神圣和魅力,花草树木的柔情和山岭的巍峨雄壮,无不让他从心底发出一阵阵的赞叹。这是一种与众不同的力量,他从来没有感受到过,这种感受激发了他创作的欲望。他把对大自然的感叹铭刻在心里,同时又化作跳跃的音符,用音乐的形式真实而生动地表现出来。

又过了几个月,伯牙在这种自然状态下,已经把琴艺练得炉火纯青。一次,他刚弹完一曲,忽听不远处有人拍掌,回头一看,原来是多日不见的成连,忙起身问道:"我等了很多日子,谁也没有见到,你又偏偏才来。"

"伯牙,你说谎,你的技艺已经大大提高,怎么会说没有人来指教呢?"

"要说指教,也就是这大自然了,我每天对着此地的山水弹琴,它们既是我的听众,又是我的老师,我从中了解了很多,也感悟了很多。"

"自然不正是最好的老师吗?"成连意味深长地笑了起来。

先秦美学最初是从老子的美学思想中剥离出来的,它分为先秦道家美学和先秦儒家美学,前者的集大成者是庄子,后者的奠基人是孔子。

艺术能够把人与自然内在的纯真本质一并展现出来,从无为的角度上来说,道家美学肯定了艺术的价值,但是,它又反对那种遮人耳目、虚假造作的过于"文采"化的艺术。

庄子在艺术创作过程中主张"用志不分,乃凝于神",志是心志,神的精神,心志不能分散,精神要凝聚一起,这样才能创作出有价值的艺术作品。庄子的道家美学强调个性解放,强调精神自由,并以"谬悠之说,荒唐之言,无端崖之辞"来描述自己的观点。

儒家美学重视的是艺术与仁义道德之间的本质关联,并在此基础上,强调了艺术一方面作用于自身的道德修养以外,另一方面还在社会政治方面起着积极的作用。孔子曾说"人而不仁,如乐何",这里仁是指仁爱,意思就是一个人如果本身没有仁爱之心,那么奏乐又有什么意义呢?

孔子的"乐"也是从仁爱而来,没有"仁"的乐谈不上是"乐",所以"乐"是"仁"的情感的表达,是"仁"本质的体现。儒家思想认为,人和自然是一体的,并且人也具有山水的特性,孔子说"智者乐水,仁者乐山",智者好动,仁者喜静,水是流动的、变化的,它与智者的个性相得益彰,而山则是静止的、巍然屹立的,它与仁者的性格是统一的。

总而言之,先秦美学的主要思想,就是把美的境界作为人类生命所追求的最高境界。

曹操对酒当歌
唱出了魏晋美学的风韵

魏晋玄学的诞生,旨在以新的美学结构关系,在主体与客体之间寻找一个平衡的切入点化解二者之间的矛盾和冲突,使个体的人在能够实现自己价值的同时,又能获得一个完整的人格。总之,新美学结构关系体现的是一种理想化的人格之美。

"对酒当歌,人生几何。"这是三国时期曹操所创作的一首诗中最经典的一句,这首诗的名字叫《短歌行》。可是就因为这首《短歌行》,致使扬州刺史刘馥命丧黄泉。

曹操既是一名杰出的军事家,同时又是很有才华的诗人,他性格开朗,乐观向上,平日若遇到心情很好的时候,便集合众臣一起饮酒作诗,畅谈快意人生。

与孙权赤壁大战之前,曹操召集群臣,设宴摆酒,以示庆贺。群臣排列左右,曹操坐在正中,锦衣绣袄,荷戈执戟,看起来堂皇气派。当他喝到兴头上的时候,便有些口无遮拦地说道:"我手下有八十万大军,随之听候使唤,那孙权与刘备太自不量力了,以蝼蚁的力量,如何能够撼动我这泰山?待不久之后,我等收复江南,那时再尽情地欢乐。"

话音刚落,忽见一只乌鸦鸣叫着向南飞去,曹操便问道:"半夜时分乌鸦为什么要离枝?"

"回我主,许是乌鸦错把明亮的月色当成白昼,因而飞走觅食去了。"

"连乌鸦都向南飞去了,看来我统一江南大业指日可待了。我戎马一生,破黄巾、擒吕布、灭袁术、收袁绍,征战塞北与辽东,今日想来,颇有感慨,我作歌一首怎样?"

于是,曹操便对着苍茫夜空,郎朗诵读起来:"对酒当歌,人生几何;譬如朝露,去日苦多……月明星稀,乌鹊南飞;绕树三匝,无枝可依。山不厌高,水不厌深;周公吐哺,天下归心。"

曹操吟诗完毕,群臣都拍手叫好,无不夸赞曹操的豪情和才气。但是其中有一人却表情严肃,没有一点开怀的意思,这个人就是刘馥。刘馥是曹操手下的重臣,很有才干,也很得曹操的赏识,只见他起身向曹操鞠躬,说道:"我主歌中唱到月明星稀,乌鹊南飞;绕树三匝,无枝可依。看似有不祥之兆也。"

曹操此时已有八分的醉意,当听到有人说他这首表达统一天下愿望的诗歌被人说成是不祥之兆时,不禁大怒,说道:"你竟敢败我的兴。"说着,手起槊落,刺死了刘馥。

第二天,曹操醒酒后痛哭流涕,万分的懊悔,为了表示自己的悔意,他命人把刘馥厚葬。

在魏晋南北朝时期,中国的美学经历了一次大变革,这是一次以哲学思潮的逻辑思维的演化为先导的变革,它的主要意义就在于阐述了美学观念和哲学思潮之间的关系。

早期对美学的研究只停留在表面和周边,诸如对玄言诗(一种以阐释老庄和佛教哲理为主要内容的诗歌)的分析以及对佛教艺术进行的探究等,所针对的都是一些表象,而忽略了它们存在的实质和内涵,也并没完成审美的价值和意义。

魏晋南北朝美学革命正是对这一现状的突破,而它最明显的突破就是从魏晋时期的玄学过渡到了南朝时期的佛学,这正是魏晋南北朝美学的核心之所在。

魏晋南北朝美学的变革是对先秦文化提出了异议。在先秦文化中,无论是道家的天地精神,还是儒家的仁义道德,所弘扬的都是以大为美、以阳刚为美的思想,并且这种美又仅仅以主体的外观形象存在。

到了魏晋时期,由于社会功能衰败、道德伦理失常,那些充满阳刚之气的形象在人们心目中已经失去了原有的风采,虽然人们内心还对其存有一丝的敬畏,但是紧张的社会环境又使他们经常处于惶恐不安的状态。

"常恐失罗网,忧祸一旦并"便是他们处境的真实写照。在这样的状态下,个体与社会、感性与理性、名教与自然等一些外向型的和谐结构开始在内部出现矛盾,人们的思想也产生动摇,一种新的、被称作魏晋玄学的美学体系应运而生。

魏晋玄学的诞生,旨在以新的美学结构关系,在主体与客体之间寻找一个平衡的切入点化解二者之间的矛盾和冲突,使个体的人在能够实现自己价值的同时,又能获得一个完整的人格。总之,新美学结构关系体现的是一种理想化的人格之美。

白居易写诗
显露出隋唐美学的端倪

　　隋唐后期,人们开始注重艺术的深层意蕴,一些艺术品也开始从规律中寻找更深层次的变化。受这一现象影响,这一时期的作品呈现出一种内涵和张力。唐代美学一方面是隋代美学的延伸,另一方面又在整个中国美学发展史上起了继往开来的作用。

　　唐代著名诗人白居易从少年时代就酷爱写诗,为了提高写作技巧,他不辞辛苦到处求见名家高手为自己指点。十六岁那年,他只身来到当时的京城长安求见顾况。顾况是当时非常著名的诗人,他的职务是负责编撰国史和为朝廷一些要事起草文稿,前来找他求教的人络绎不绝。顾况在繁忙的职务之余,也乐于为这些学子传授诗道。

　　他接过白居易的诗稿,一看上面署名"居易"二字,不禁感叹年轻人的狂妄,随即脱口而出道:"现在的长安城,粮价上涨,布匹甚贵,要想居住下来,可不是一件容易的事情。"

　　大家听了便哈哈大笑,而白居易初来乍到,心里自然有些惶恐。顾况边说话边翻看,掀开一页,一首题名为《赋得古原草送别》的诗映入眼帘,看完一遍,觉得意犹未尽,顾况复又放声朗读起来:"离离原上草,一岁一枯荣。野火烧不尽,春风吹又生。远芳侵古道,晴翠接荒城。又送王孙去,萋萋满别情。"

　　顾况声情并茂的朗读让此诗更添了一份送别的意境,他不由得从心里赞叹这首诗之精炼与巧妙,短短的几行字,淡淡的几处景,便把一份离别的无奈与凄凉淋漓尽致地泼洒在纸上。

　　小草的生命是卑微的,可是它又有着不可忽视的顽强生命力,从小草的身上就可以体现出大自然生生不息的客观规律,同时也象征人在逆境中顽强奋斗、奋发向上的精神。用小草来比喻命运的百折不挠,足见作者的心胸和对未来所寄予的希望。

　　顾况的目光再次投到白居易的脸上时,眼里已充满了一种鼓励和欣慰,他说:"能写出这样的诗,久居长安,不是难事。"

　　顾况肯定了白居易的诗,因此白居易在长安暂时居住下来,不过接下来的事情并没有如想象中那么简单。在几年的时间里,白居易一直没有得到有权势之人的引荐与推举,他最终还是离开了这个不易长居之地。

随着历史的兴衰、社会的变迁,隋唐时期的美学开始走向新的时期。这一阶段的美学所追求的是儒家、道家、佛家为基础的一种融合的状态。这种状态不但影响着人们的审美情趣,还影响着艺术家们的创作方向,史上把这种融合称作是"初步圆融"。"初步圆融"的结果,就是使儒家宗教化、道家宗教化,而佛教趋于中国化,中国化泛指受当地风俗的影响而地方化。

中国早期的儒家思想并不是宗教,在时代的发展过程中,科举考试的制度越来越完善,为了能够达到自己理想的社会层面,获取更理想的官宦地位,人们开始崇尚儒家思想,于是建立庙宇,顶礼膜拜。渐渐的,儒家以及儒家思想便成为了一种锲而不舍的信

唐代敦煌莫高窟壁画——《反弹琵琶图》

仰。这种形式的信仰与宗教形式相近似,故而儒家在人们眼里也被宗教化。中国的道教最初就是以宗教的身份出现的,最早建立教派的创始人张陵就自称是太上老君派来的"天师",后又在道家学派中灌输了道家思想(老庄思想),成了名副其实的中国宗教流派。中国早期的佛教本也是属于宗教,不过早期的佛教派并不喜欢束缚于佛教的那些桎梏,而更喜欢以修炼者的身份自居。

隋唐后期,这三种思想再度翻新融合,给人们带来新的审美理念。在佛学道家思想的影响下,人们开始注重艺术的深层意蕴,一些艺术品也开始从规律中寻找更深层次的变化。受这一现象影响,这一时期的作品呈现出一种内涵和张力。唐代美学一方面是隋代美学的延伸,另一方面又在整个中国美学发展史上起到了继往开来的作用。

小知识

弗兰西斯·培根(1561年~1626年),英国哲学家、思想家、教育家、作家和科学家,被马克思称为"英国唯物主义和整个现代实验科学的真正始祖"。他在逻辑学、美学、教育学方面也提出许多思想,因其博学而被人们誉为"万能博士"。其著作有《新工具》和《论说随笔文集》等。

第二篇
美的发现,美的散步——美学的发展

伦勃朗在贫民窟里
等待人文主义萌芽

  人文主义的美论首先把人放在第一位,认为人能主宰一切,上帝赋予人健康健美的身体,并且还赐予他智慧的大脑,使其不仅具有先天的天分,还具有后天一切能够主宰世界的能力。

  伦勃朗是荷兰著名的画家,漂亮的萨斯基亚既是他的模特儿,也是他的妻子。他们婚后一共生了四个孩子,然而,这段幸福的婚姻却只持续了短短的八年。在萨斯基亚生完第四个孩子仅仅九个月,她就撇下伦勃朗和孩子们离开了人世。

  萨斯基亚死去的时候是六月,可是伦勃朗的心里,却如陷入严冬一般的冰冷。他全身麻木,感觉这个世界都抛弃了他,每天全部的生活内容就是看着妻子生前的照片,一遍一遍地回想妻子的音容笑貌,然后就是长时间的发呆。一年以后,他拿起画笔,决定再为妻子画一幅画。

  他不记得为妻子画过多少肖像画了,那时候妻子身披时尚的外套,面若桃花,一颦一笑都给伦勃朗带来无限的灵感。而今,他再为妻子画画,凭借的却是一份深藏的记忆。伦勃朗沉痛的心情让记忆的那些碎片也越来越庄重,越来越严肃,在他的画里,他不再为妻子穿那些华丽的服饰,而是为妻子穿上了厚重的皮草。皮草的颜色是深灰的,能够御寒保暖,在伦勃朗心里,他要为妻子穿上厚衣服,让她一个人在天堂里也远离孤寂寒冷。

  妻子的早逝及事业上的坎坷,让伦勃朗一蹶不振。由于他在生活上挥霍成性,债台高筑,无奈之下,只好带着孩子搬到了贫民区居住。这时,一个年轻的女佣闯进了他的生活中,她的名字叫亨德丽克耶。这位女子在精心照顾伦勃朗父子的同时,也给伦勃朗的心里带来了无限的温暖与慰藉。

  为了感谢亨德丽克耶,伦勃朗再次提起画笔,为亨德丽克耶画了一幅肖像画。伦勃朗在画里倾注了对亨德丽克耶所有的爱恋,画中的亨德丽克耶身穿朴素的外衣,倚在窗台边,面带圣母一般的微笑。不料这幅画面世以后,却遭到了保守的教会的严厉排斥,他们认为伦勃朗与亨德丽克耶之间的感情是不道德的。可是伦勃朗却无心顾及这些,他说:"我不管别人怎么看我,我只为我的绘画而活。"

  住在平民区的伦勃朗晚年并不幸福,相濡以沫的日子没过多久,亨德丽克耶便

离开了人世。五年之后,他的儿子也一病而亡。此时的伦勃朗孑然一身,孤独与凄凉时时困扰着他,让他的心里再也没有片刻的安宁。

最后,伦勃朗拿起画笔,画了一幅自画像。他要在画里为自己找回自信与尊严,所以画里的伦勃朗手握令牌,一身的穿戴都闪着琳琅的金光,他的表情泰然自若,仿佛对世界充满了傲视与冷漠。他用这幅画告诉世人,尽管已是一文不名,但是依然没有人可以打垮他。

人文主义所包含的内容有两个方面:一是研究自中世纪以来一切以神学问题为对立面的世俗问题,主要内容以希腊神话及罗马神话流传下来的古典学术为基础,研究其世俗性;二是以基督教的神性为出发点,研究与它相对立的以人性为中心的一种精神,这样的精神在希腊的古典文化中有着非常浓重的表现。这种人文研究使古希腊文化得以重生,特别是在十四世纪至十六世纪,这类的思潮在欧洲广泛传播,这一段历史被史学家们称作是"文艺复兴"时期。

人文主义最早从欧洲开始萌生,渗透于社会的各个方面,在美学中也有许多表现。这种人文主义表现在美学中的特征是:以研究古希腊罗马文化为名义,实则是建构一种反对封建主义文化的资本主义新文化,主张弘扬人文主义文学,并在此基础上,力求弘扬人文精神。这种精神是借由希腊古典文化剖析得来的,所以恩格斯曾说:这种人文主义的自由思想,是从新发现的希腊哲学那里获取的。

人文主义的美论首先把人放在第一位,认为人是主宰一切的,上帝赋予人健康健美的身体,并且还赐予他智慧的大脑,使他不仅具有先天的天分,还具有后天能够主宰世界的一切能力。所以说,人是最美的。从这一点上,人文美学反驳了神学美论中把神看做是最美且把人看做是有着丑陋灵魂的说法。

人文主义的美论冲破了神学的牢笼,使人们的思想得以解放,在另一方面它又为唯物人文主义的美论主义提供了方法。

小知识

让·雅克·卢梭(1712年~1778年),法国著名启蒙思想家、哲学家、教育家、文学家,是十八世纪法国大革命的思想先驱,启蒙运动最卓越的代表人物之一。其主要著作有《论人类不平等的起源和基础》《社会契约论》《爱弥儿》和《忏悔录》等。

第二篇
美的发现，美的散步——美学的发展

三把石灰粉
涂抹出文艺复兴时期的美学

文艺复兴时期的艺术美学，脱离了哲学的母体，自成一个理论体系。它提倡自然与精神相结合，是追求一种源于自然而又高于自然的艺术之美。除此之外，它还主张个性化表现。所谓的个性化不是一种超现实的存在，而是来自于人类自身的一种自我精神。

有这么一句话叫"权贵的虚荣就好像雕像鼻子上三把石灰粉"。据说关于这句话的来历，跟米开朗基罗的一尊雕像有关。

米开朗基罗是意大利文艺复兴时期著名的建筑家、雕塑家，他的作品磅礴大气，真实而震撼。成名以后的米开朗基罗曾经为意大利西部城市佛罗伦萨雕刻过一尊石像，这尊石像体积庞大，历经两年才完工。完工以后的石像被摆放在佛罗伦萨的广场，很多人都来观看，对它评头论足。对于这样庞大的雕塑，围观者在惊叹之余，都从心底佩服米开朗基罗那高超的艺术造诣与那双神来之手。

这一尊雕像引来很多人，包括佛罗伦萨的市长。他在雕像前很认真地看了半天，然后若有所思地说："这尊雕像的作者在哪里？"

"市长先生，我就是作者。"米开朗基罗拨开众人走到市长面前。

"看出这尊雕像有什么毛病没？"

"市长请讲。"

"他的鼻子有些矮，影响了整个雕像的美感。"市长很傲慢地说，"雕像就是这么一种东西，往往很小的一处瑕疵，就会破坏它的精美。"

围观者似懂非懂，感觉市长说的话仿佛也有些道理，所以也就跟着点点头。

"我立刻就修改。"米开朗基罗说着便从自己的工具包里拿出刻刀、石灰粉等，但是他并没有真的对雕像做什么修改，只是往石像的鼻子上抹了三把石灰粉，然后就收起了工具。

几天以后，市长又来到广场，这时米开朗基罗告诉他说："我已经对雕像做了修改，您看现在怎么样？"

"这样看起来就好多了。"

市长走了以后，众人都不解地问道："先生，你并没有修改石像啊？只是往鼻子

三把石灰粉涂抹出文艺复兴时期的美学

上抹了点石灰粉,那鼻子怎么就高了呢?"

"鼻子还是那个鼻子,一点也没增高,只是市长的虚荣得到满足了。所以在他看来,这鼻子的确跟原来不一样了。"

如果把西方的美学阶段按其时间长短来划分的话,那么文艺复兴时期的美学应该是时间跨度最长的,其成就也最耀眼、最璀璨。

在文艺复兴之前,中世纪的美学理论已经逐渐成熟和完善。中世纪的美学理论主要倡导以神为主的神学思想,神被看做是最权威的,代表着至高无上的权力。到了文艺复兴时期,古希腊和罗马文化在人文主义的理念上得到重新的审视。这一时期的美学立足于现实基础上,肯定了现实世界的美。这个观点与文艺复兴以前的美学观点是对立的,文艺复兴以前也主张美是自然界的属性,但是在崇尚神学的环境中,自然界的美是上帝创造的,这种美是物质上的,而非精神上,所以并不具备真正的美学价值。随着文艺复兴的到来,这种经院哲学逐渐被自然性和人的创造性所瓦解并取代。

《蒙娜丽莎》是一幅享有盛誉的肖像画杰作,代表了达·芬奇的最高艺术成就。作者在人文主义思想影响下,着力表现人物的感情

文艺复兴时期的艺术美学脱离了哲学的母体,自成一个理论体系。它提倡自然与精神相结合,是追求一种源于自然而又高于自然的艺术之美。除此之外,它还主张个性化表现。所谓的个性化不是一种超现实的存在,而是一种来自于人类自身的一种自我精神。这一时期所涌现出来的作品,包括绘画、雕塑、建筑和装饰等,大都是自然美与创造性相结合的产物,不仅令人耳目一新,而且还名垂青史。

小知识

塞缪尔·泰勒·柯勒律治(1772年~1834年),英国诗人、评论家、哲学家,作品有《古舟子咏》、《克里斯特贝尔》、《忽必烈汗》和《对沉思的援助》等,其中《对沉思的援助》是一篇关于哲学、文学和宗教的专题论文,意在调和正统基督教教义与德国先验哲学之间的关系,它对美国的先验论者有着特别的影响。

待月西厢
等待明代美学的辉煌

新、旧文化相互存在是明代思想的两大支点,它们之间的矛盾也是明代文化的主要特征。

有关待月西厢的故事,民间流传很多,特别是红娘,更是家喻户晓、人人皆知。

故事发生在唐朝贞元年间,前朝崔相国因病逝世,他的夫人郑氏带着女儿崔莺莺、侍女红娘等人护送崔相国的灵柩回河北老家博陵安葬。不料途中道路中断,只好暂时寄住在河中府普救寺里。恰好这个时候,河南洛阳有个书生叫张珙的,就是大家后来叫他张生的人,要奔赴长安赶考,路过河中府,就来看望同窗好友白马将军,顺便到普救寺来游玩。在寺中与崔莺莺相遇,两人一见钟情,产生了爱慕之意。这个张生立刻坠入了爱河,为了追求莺莺,竟然放弃去京师赶考,找了个理由,以读书为名,在寺中借了一间厢房住下。

张生借住的房子,正好与莺莺所住的西厢只有一墙之隔,这是张生早早就预谋好的。一天晚上,莺莺与红娘在园中烧香祷告,张生听到后,隔墙高声朗诵了一首诗:"月色溶溶夜,花荫寂寂春;如何临皓魄,不见月中人?"莺莺听了,立即和诗一首:"兰闺久寂寞,无事度芳春;料得行吟者,应怜长叹人。"两人各自表达了自己的心曲,经过诗歌唱和,彼此更增添了好感,倾慕之情渐浓。

在寺里为崔相国做超生道场时,张生与莺莺再次相遇,两人默默地用眼神表达爱意。俗话说,无巧不成书,恰巧这时候,一个叫孙飞虎叛军将领听说了崔莺莺的美貌,率军包围了普救寺,要强抢崔莺莺为妻。崔夫人到处求援,但是没有人愿意出面帮她,无奈只好发下宏愿:"谁能够击退敌兵,就把莺莺许配给谁。"张生看到机会来了,主动请缨,一封书信请来白马将军杜确,击败叛军,活捉了孙飞虎。

张生立了大功,以为这样就可以名正言顺地娶到莺莺了,却没料想到崔夫人出尔反尔,只允许张生和莺莺兄妹相称,不肯将莺莺嫁给他为妻。

《西厢记——长亭送别》故事图盘

这时,张生只好请红娘帮忙,帮他拿个主意。红娘让他月下弹琴,莺莺听了很受感动,便嘱咐红娘前去安慰张生。张生借机给莺莺写了一封信,莺莺回信写了一首诗:"待月西厢下,迎风户半开;隔墙花影动,疑是玉人来。"意思再明白不过,就是相约张生来和她幽会。凭张生的聪明,当然明白了莺莺的美意,他激动万分,当晚就去赴约。但是碍于红娘在场,害羞的莺莺假装非常生气,训斥了张生一顿,什么男女授受不亲、知书达理的人不该这么唐突之类的话,说了一遍,就把张生打发走了。

张生悲愤交加,一病不起,莺莺派红娘经常去探望,一来二去,莺莺答应再次和他约会,他的病就痊愈了。有一天夜里,莺莺来到了张生的书房,两人私订终身,成就了秦晋之好。这事被崔夫人发现了,她怒不可遏,上演了一幕拷红大戏,最后却被红娘据理力争,彻底说服了。但崔夫人答应把莺莺许给张生的同时,附加了一个条件,张生必须进京赶考,如果考不中,莺莺就另择人家。

张生无奈,只好与莺莺惜别,赴京赶考,终于金榜题名,中了状元,回到普救寺娶了莺莺为妻,有情人终成了眷属。

中国封建社会发展晚期,整个社会从制度到意识形态都出现一种僵硬的死板化现象。与此同时,社会经济长足迅猛发展,促进了资产阶级思想的萌芽,人们的思想意识出现了一种高度自我价值的认识。他们凭借雄厚的经济实力,开始与传统的文化理念背道而驰。自此,这种并不成熟的源自于市民阶级内部的文化以强大的势头蔓延开来。

这些商业人士自成一体的团队,他们个性张扬,勇于藐视权威,崇尚平等。贵族式的高雅文化开始受到冲击,新的文化以更感性、更真实的面貌出现,在那个时期的很多小说里,这样新、旧文化之间的交替与激烈的冲撞,被表现的极为突出,如《三国演义》、《西游记》和《金瓶梅》等。

新、旧文化相互存在是明代思想的两大支点,它们之间的矛盾也是明代文化的主要特征。在明朝初期,由于受社会生产力和经济发展缓慢的制约,文化呈现出一种纯朴的状态。这样的状态在明朝中期逐渐有了变化,经济复苏,手工农业都有了较为完整的发展,生活水平逐渐提高,人们开始贪图享乐。虽然当朝权威向百姓提出了"存天理,灭人欲"的教化要求,但是受经济上涨的影响,人们已经有能力选择和追求自己的生活,穿金戴银、豢养宠物已经成为当时的时尚。金钱横行,使卑微的底层百姓也能拥有权贵们的高级生活,这初步验证了普通市民追求平等、藐视权贵的潜意识。

第二篇
美的发现，美的散步——美学的发展

蒙特威尔第的艺术创作表现了经验主义美学的特点

经验主义美学主要是从生理学和心理学的角度来研究美学，主要针对想象、情感和美感进行研究。经验主义学家们希望能够用观念联想的规律，来探索和研究审美活动和创造活动，并从是否有利于生命的发展和成长规律的角度来辨别美丑。

意大利作曲家克劳迪奥·蒙特威尔第是一个非常机智幽默的人。很多人都清楚，他有时会发发小脾气，会因报酬过少而与公爵的财务管家吵上几句，以此来显示自己的个性。他在1595年与宫廷歌手卡塔尼奥共结连理，婚后生了三个孩子，一家人过着简单平静的生活。

来自艺术方面的考验，对蒙特威尔第来说比较棘手。1600年，一个名叫乔瓦尼·玛丽亚·阿图西的音乐理论家挑起一次事端，开始向蒙特威尔第发难。他发表了一篇抨击音乐现状的文章，认为音乐里面用的误音太多，听起来简直就是噪音。尽管阿图西没有指名道姓，但举的几个例子都来自蒙特威尔第的音乐作品，世人一目了然，一看便知是针对蒙特威尔第的。面对来自理论界的不实攻击，蒙特威尔第泰然自若，依然我行我素，不予理睬，并继续写了一些牧歌。

但事情远没有他所想的那么简单，他的不予理睬，并没有阻止阿图西的攻击。四年之后，阿图西又挥笔发难，而且毫无顾忌地直接点了蒙特威尔第的大名。这是这一次蒙特威尔第真的被惹火了，他决定写一部样式全新、具有独特风格的音乐作品，并且要使歌词更具戏剧表现力，同时旋律要简单些，以便使阿图西能够听得懂。这种新体裁的创新作品被他称作"音乐故事"，内容表现的是希腊神话故事中，关于奥尔菲斯与尤莉迪丝的传说。蒙特威尔第为其取名《奥菲欧》。一部著名的意大利歌剧就此诞生了。

当然，蒙特威尔第并不是个狂妄自大

奥尔菲斯牵着妻子尤莉迪丝的手行走在地狱中

的人,在他五十岁时发生过一件事足以证明这一点。那时,他曾经会见了一位年轻音乐家。这个音乐家只有十八岁,年轻人总是只谈论自己和自己的乐曲。

那么,蒙特威尔第是如何表现的呢?他专心地听着年轻音乐家的谈话,然后说:"当我十八岁时,我总是认为自己就是伟大的作曲家,任何场合总是谈'我'。但到了二十五岁,我开始谈'我和莫扎特'。四十岁时,我便谈'莫扎特和我'了。而现在我谈的只能是'莫扎特'。"

这就是蒙特威尔第,一个富有才华的艺术家,一个幽默风趣的人。

经验主义美学主要是从生理学和心理学的角度来研究美学,主要针对想象、情感和美感进行研究。经验主义学家们希望能够用观念联想的规律,来探索和研究审美活动和创造活动,并从是否有利于生命的发展和成长规律的角度来辨别美丑。

这种注重心理、生理现象的美学研究,对西方美学研究发展来说,属于研究方向上的一个转折。针对生理以及心理的特点,休谟、博克等人提出了"同情说"。所谓同情说,指的是在审美过程中,会产生一些由己及彼的同情心进而分享旁人乃至旁物的情感或活动。"同情说"就是"移情说"的雏形,但是早期英国人的经验主义美学太过注重生理和心理的基础,而忽视了在美学历史发展过程中那些辩证的观点。他们只注意到人的动物性,而忽略了人的社会价值,进而也就失去了审美过程中理性的一面。休谟的同情说,是新、旧二者合一的新概念,旧是指他继承了前辈的理论,新是指他又添加了新颖的内容和思想。他认为,人类一切的伦理道德都是出自情感,情感上的喜、怒、哀、乐是灵魂的动力来源,同情心是根据道德感而来的,也是区别善、恶的立足点。只有有价值的事物才可能获得同情,因为对人的同情,进而产生对其事物的同情,然后才会把同情心以这种移植的方式转移到对方心中,并调和及解决道德上的个体差异与普遍性要求之间的矛盾。休谟透过效用概念,把道德与利益、道德感与共同利益感结合起来,效用成为衡量道德价值的标准。

小知识

埃里希·弗洛姆(1900年～1980年),德国精神病学家,新精神分析学家,是精神分析学派的代表人物之一。他指出了健康人格的本质:与世界相处得很好并扎根于世界之中,摆脱了乱伦关系,是自我和命运的主体或动因,即具有创造性定向。其著作有《爱的艺术》和《为自己的人》等。

巴赫追求着十八世纪启蒙主义美学

启蒙主义与新古典主义一样,都推崇理性,但二者的角度有所不同:新古典主义认为所有的和谐都是一种感性基础上的和谐,而启蒙主义所强调的,是立于自由、平等、博爱的启蒙口号之上,在斗争和矛盾中所获得的一种理性的和谐。

1702年,巴赫以优秀成绩从修道院学校毕业,在吕内堡小镇当了一名管风琴手,跟随乐队进行演出。这一年,他只有十七岁,但他那不凡的演奏技术已经开始征服众人,让乐队里的同伴佩服不已。

巴赫的音乐才华逐渐传开了,当时宫廷有位酷爱音乐的伯爵,叫约翰·恩斯特,他得知巴赫的才艺以后,就想把他接到宫里,留在自己身边。巴赫觉得宫里的条件肯定要比外面好很多,不仅能接触到很多高级的乐器,还能够结交很多大人物,所以对于伯爵的邀请,巴赫很爽快地答应了。

宫里的乐师给巴赫配置了最豪华的乐器,每当宫廷内有宴会或者是接待邻国来访者,他们都会让巴赫当场演奏。刚开始,巴赫觉得能为这些贵人们演奏算是一件幸事,可是时间一久,他发现在这个宫里,自己就像被关在笼中的鸟儿,每天不停地为人们演奏,没有一点自由。慢慢地,巴赫厌烦了这种生活,于是就向恩斯特请辞,离开了宫廷。

离开宫廷以后,巴赫来到圣布拉修斯教堂做了一名管风琴师。在这里,他除了能够享受到宫中没有的自由以外,更重要的是学到了很多的音乐知识,可以按照自己的思想和意愿自由地发挥。在这段时间里,巴赫创作了很多的复调作品,他的演奏技巧也有了很大的突破和提高。

虽然巴赫的作品可以算得上是独树一帜,但是他的某些风格相悖于当时的宗教音乐习俗,因此他的作品也遭到了很多指责与批判。不过巴赫并不畏惧这些,他始终坚持自己的特点,甚至在有一次的演出中,本该由一个男人来扮演的角色,巴赫竟破天荒地安排一个女人来扮演。

女扮男装登台演出的现象引起了教堂主事极大的愤怒,他怒气冲冲地找到了巴赫,严厉地训斥了他。对于教堂主事的训斥,巴赫进行了有力的反驳,他说:"音乐是独立的,它有自己的风格和特色,它不是奴役,不属于哪一个宗教,如果你把我对音乐本质的尊重看成是对宗教的背叛的话,那我就是个叛逆者。"

教堂没有适合巴赫的艺术生存的土壤。不久,他便离开了那里,到另外的地方继续寻求自己的音乐事业。

西方古典美学主要发展阶段,是处在十八世纪到十九世纪中期。这段时间,西方古典美学由启蒙、发展到鼎盛。在这一百多年里,它大体上可以分为两个阶段,一个是准备期,一个是成熟期。

准备期从1735年德国哲学家鲍姆加登最早提出美的概念算起,到1781年莱辛去世为止。在准备期里,鲍姆加登所提出的美学概念,主要以"感性学"为主,提倡以感性的方式认识和解释事物本身存在的状态。

这是逻辑学关于真的探讨和理论学关于美的探讨之外,重新开辟的一个美学学科,同时也完善了德国乃至西方的美学体系。

从1781年到1831年黑格尔逝世,为成熟期。在十八世纪后半期,美学进入到了一个完善成熟的时期。这个时期经济发达、政治稳定,由于经济的复苏,新兴的资产阶级日益强大。社会主导思想以资产阶级的人生观和价值观为主,他们提出了自由、平等、博爱的启蒙口号。启蒙即为"照亮"的意思,其根本目的就在于冲破封建牢笼,打击封建统治的最高代表天主教,削弱王权与神权的统治。

启蒙主义与新古典主义一样,都推崇理性,但是他们的角度有所不同:新古典主义中所谓的理性是指对君王统治的服从,除此之外,所有的和谐都是一种感性基础上的和谐。而启蒙主义所强调的,是立于自由、平等、博爱的启蒙口号之上,在斗争和矛盾中所获得的一种理性的和谐。

小知识

亚瑟·叔本华(1788年~1860年),十九世纪德国哲学家,唯意志论的创始人。他的唯意志论和非理性主义伦理思想体系,对尼采的权力意志论产生了直接影响,并成为现代西方生命哲学、存在主义思潮的重要思想渊源。其著作有《论自然意志》等。

施特劳斯保护头发就是保护现实主义美学

现实主义美学指的就是发生在十九世纪的现实主义运动,它作为浪漫主义的对立面应运而生,从根本上反对浪漫主义的幻想和虚构,具有严肃的科学精神。

1872年,施特劳斯应美国一些朋友的邀请,做了轰动一时的美国之行。那次轰动的美国之行,留下了一段美好的逸闻趣事,那就是关于施特劳斯的头发的故事。

据传,施特劳斯在美国的演出非常成功,在人们的心中产生了非常大的影响。施特劳斯一表人才,特别是他那弯曲长发,潇洒飘逸,很引人注目。一位美国妇女看了施特劳斯的演出,对他崇拜到了如醉如痴的程度,便想尽办法得到了一束施特劳斯的长发,当做珍品保存起来。

消息传开,人们群起效仿,纷纷向施特劳斯索取头发作为纪念,一时竟然掀起了施特劳斯的"头发热"。好心的施特劳斯不愿伤害这些乐迷的心,一一满足了他们的要求,每个人都如愿得到了施特劳斯的头发。

巡回演出结束,施特劳斯离开美国时,热情的观众闻讯纷纷前来为他送行。这时,只见施特劳斯挥着帽子,优雅地向前来送行的人们告别,人们看到他那卷曲的长发还好好地长在头上,感到很纳闷。这时,有心人发现,施特劳斯来美国时曾带来了一只长毛狗,现在长毛狗却变成了短毛狗。

到此,很多人才恍然大悟,原来他们珍藏的头发,不是施特劳斯头发的真品,而是用他宠物的毛所替代的。人们更加佩服施特劳斯的聪明和机智。

在1894年举行庆祝施特劳斯从事艺术活动五十周年庆祝会时,他收到了来自全世界的祝贺和授予他名誉会员称号的证书,这一切显示出施特劳斯美国之行的重要性。

1899年6月3日,施特劳斯在短时期卧病以后,于维也纳的家中去世。一代艺术巨匠就这样悄然离开了人间,离开了他心爱的音乐。

在古希腊文化中,崇尚的是一种返璞归真的纯模仿自然的风格,而现实主义美学就起源于这种古老的西方文学理论中。现实主义分为广义与狭义两种,广义的现实主义指的是在追求自然的基础上塑造艺术作品。

施特劳斯保护头发就是保护现实主义美学

一件艺术作品，是否能够再现事物最真实的一面，或者说它是否能够逼真地模仿事物的本来面貌，就是它是否成功的评判标准。从狭义的方面来说，现实主义美学就是指发生在十九世纪的现实主义运动。

当时浪漫主义风靡法国乃至整个欧洲，浪漫主义所倡导的是一种个性自由，以夸张的手法和有特征的描绘来表达和抒发情感，它讲究色彩奔放、构图变化丰富，是一种超现实主义的表达手法。现实主义美学就是作为浪漫主义的对立面应运而生的，它从根本上反对浪漫主义的幻想和虚构。

现实主义满足的是人类的认知欲望，所以它能够拥有长久的生命力。认知欲望来自于人的本能和本质，人类所有的审美活动都不能排除认知欲望。除此之外，现实主义还具有严肃的科学精神。科学精神就是指由科学性质所决定并贯穿于科学活动之中的基本的精神状态和思维方式。科学精神反对盲从和虚无，它一方面严格约束着科学家们的行为，以保证科学研究的准确性，另一方面它所具有的理性、求实、实证的精神也逐渐被大众所接受。

约翰·施特劳斯的塑像

小知识

格奥尔格·齐美尔（1858～1918），德国社会学家、哲学家。他提出冲突的存在和作用，对冲突理论起了很大的促进作用。此外，他的唯名论、形式主义、方法论的个体主义思想和理解社会学思想，对美国社会学也产生很大的影响。其著作有《历史哲学问题》和《宗教》等。

美的发现,美的散步——美学的发展

浮士德下凡
为了德国古典主义美学

在十九世纪以前,德国的美学已经形成了一套完整而又严谨的美学思想体系。从十八世纪末到十九世纪初,德国的古典美学在康德与黑格尔的倡导下,形成了一股势力强劲的唯心主义美学,他们将辩证法和历史观引进美学,用来替代抽象的哲学思辨。

浮士德独自在屋子里郁郁寡欢,周围摆满了书籍,他从那些书籍里获取了知识与理想。可是现实的种种又让他苦闷与烦躁,他为自己准备了一杯毒酒,打算了此一生。

酒正欲沾唇,忽听得教堂那边一阵钟声,钟声传出很远,使他想起了小时候过复活节的情形。那个时候,人们来到郊外,争先恐后地向浮士德敬酒,感谢他曾挽救过自己的生命。其实浮士德他只不过给了他们一些"金丹",而那些"金丹"都是骗人的。

是该脱离尘世飞向更崇高的境界,还是继续滞留在尘世,固守自己沉迷的欲望?

魔鬼看透了浮士德矛盾的内心,他化作一个清秀的知识分子,来到浮士德面前,听他诉说内心的苦闷,并向他解释着

浮士德是德国传说中的一位巫师或是星象师,据说他将自己的灵魂卖给魔鬼以换取知识。不过人们最熟知的,却是歌德整整写了六十年的歌剧《浮士德》。

尘世间善与恶的本质,希望能从灵魂深处解救浮士德。

魔鬼与浮士德相约,如果尘世间的欲望不能够使浮士德满足,那么魔鬼将终生为奴,为浮士德寻找快乐。而如果浮士德一旦满足于现状,那么他的灵魂就会立刻被魔鬼缚去。

魔鬼为浮士德准备了美酒、女人以及纸醉金迷的生活,这一切使浮士德心情激荡,但终究未能使他感到满足,因为爱情使他感到迷惘与困惑,增添了他内心的痛苦。

魔鬼又为浮士德安排了崇高的理想——填海造田和拯救人类。这样的理想使浮士德感悟到自己生命的价值所在,当沧海变成桑田,民众都过着幸福生活的时候,浮士德内心突然升腾一种前所未有的满足感。

浮士德的满足引来了魔鬼,它们想攫取浮士德高尚的灵魂,幸好有仙女保佑,他的灵魂最终在仙女的庇护下得以升天。

在十九世纪以前,德国的美学总结了历史上的美学经验,在科学形态方面,已经形成了一套完整而又严谨的美学思想体系。从十八世纪末到十九世纪初,德国的古典美学在康德与黑格尔的倡导下,形成了一股势力强劲的唯心主义美学,他们将辩证法和历史观引进美学,用来替代抽象的哲学思辨。

当时,德国经济和政治都处在一个相对落后的阶段,逐渐崛起的资产阶级与没落的封建统治者之间的冲撞是社会最突出的矛盾,所以当时的美学意识形态主要是来自资产阶级层面上的,他们的主要理论就是寻求一个感性与理性相结合的自由主义美学观。

这种自由主义美学观,实际上就是主观唯心主义的二元论和不可知论。

所谓二元论,指的是自然界存在精神和物质两个实体,它与一元论坚持世界上最初是由物质构成的说法相对立。

从哲学的角度来说,世界是由精神和物质二元组成的,精神在物质之前就已经存在,精神的本质是思想,物质就是构成事物本体的诸要素的统称。二者谁也不能代替对方,更不能由己方派生出对方,所以唯心主义美学坚持精神完全能够离开物质而独立存在的一种理论观点。

不可知论最早出现在十八世纪的欧洲,那时候自然科学欠发达,人类认识自然、掌握自然的能力十分有限,在很多事物和现象都无法解释的情况下,人们得出结论,认为自然界有许多事物是不可认识的。

除了感觉得到的或看得见的现象之外,对于世界,人类是无法认识的,也就是说人类不能把握到感觉以外的东西。

歌德让路
使美学新论复杂多变

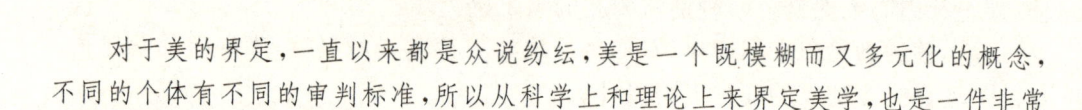

对于美的界定,一直以来都是众说纷纭,美是一个既模糊而又多元化的概念,不同的个体有不同的审判标准,所以从科学上和理论上来界定美学,也是一件非常艰难的事情。

"青年男子哪个不善钟情?
妙龄女人哪个不善怀春?
这是人性中的至洁至纯,
为什么从此中有惨痛飞迸?"

众所周知,这首优美的爱情诗歌出自于德国伟大的诗人歌德之手。1749年8月28日,在法兰克福市内一个参议员家里,诞生了一个男婴,这就是歌德。

少年时代的歌德是幸福的,他的父亲是博士,拥有很多精美而珍贵的藏书,母亲是法兰克福市市长的女儿,优越的家庭条件使歌德从小就接受了完善而又良好的教育。在歌德的文学创作中,父母给了他很大的影响,他们经常带着歌德到处旅游,为他讲解当地的风土人情。尤其是母亲,每逢给他讲故事,总是留一点疑问,让歌德自己思考,以此锻炼他的思维能力。

在父母的熏陶下,歌德成长为了十八世纪德国著名的文艺大师。在当时,有一位与歌德思想相左的文艺批评家,生性古怪,态度刁钻傲慢。一天,在经过一条小巷时,歌德与他不期而遇了。那位批评家一见到歌德,便想出言奚落一番,他不仅没有让路的意思,并且还旁若无人地往前走,嘴里还说着:"我从来不给傻子让路。"

歌德听了这话,他笑容可掬、镇定自若地闪到一旁,机智地反击道:"我倒是跟您恰恰相反。"

爱耍小聪明的批评家表情尴尬,讨了个没趣,灰头土脸地离开了。

歌德有着非常清晰的时间概念,有一次,他发现儿子的日记里记载了这样几句话:人生在这里有两分半钟的时间,一分钟微笑,一分钟叹息,半分钟爱,因为在爱的这半分钟时间死去了。对于儿子的这种人生态度,歌德很生气,便把儿子叫到面前,对他说:"无所作为、玩世不恭的人总会把一生的光阴看得很短,但是那些珍惜生命、惜时如金的人会把时间分得很仔细,用来安排自己的工作和学习。一天有二十四个小时,每个小时有六十分钟,想想看,这些时间我们可以做多少事情?"

儿子谨记父亲的教诲,并把这段话作为座右铭记录在日记本上,以便时时鞭策自己。

1750年,在鲍姆加登研究的人类感性认识的一部著作里,就用希腊文的"Aesthetic"来代表他所研究的科目,而这个"Aesthetic"翻译成中文,就是"美学"的意思。鲍姆加登在他的著作里客观而公正地分析了美学的涵义,他认为美就是人们对审美对象之间的完整认识。审美的完整性包罗万象,世界上很多学者都对美做出了自己的判断和理解:毕达哥拉斯学派认为,美是和谐;中国的哲学家们则认为美就是真和善,脱离这个层面就脱离了美学的范畴。

缇士拜恩的著名油画《歌德在意大利》,描绘了在罗马的丘陵地带旅行的歌德

对于美的界定,一直以来都众说纷纭。美是一个既模糊而又多元化的概念,不同的个体有不同的审判标准,所以从科学和理论上来界定美学,也是一件非常艰难的事情。

美既然是存在的,并且人人都能感受得到,就应该对它有一个合理的界定范围,如果难以从本质上给它下一个结论的话,就从平常的生活经验上来确认。从形状上,生活中给人美的感觉受因素是和谐、对称、柔美、均匀等;从形式的角度上,美的因素是符合道德的标准,或者说美是为真理而代言;美还可以是意识上的一种共鸣,如音乐、绘画和舞蹈等。

从最初的类感性学延伸到美学,足以证明美学是由一切感性美来完成的,美是一种由感官产生意识,然后再从经验延伸到实质,最后上升到理性的一种认识。

小知识

理查德德·舒斯特曼(1948年~),美国著名美学家、人文学者。他是新实用主义美学的代表人物,其思想具有很大的包容性与灵活性。其所著的《生活即审美》,本意就是要复兴真正的审美经验,倡导生活艺术的观念。

《文心雕龙》
展示了和谐统一的中国古典美学

十九世纪,对于西方,特别是欧洲国家来说,整个社会正处在风云变幻的时期。美学的许多观点也正是在这样的动荡环境中发生了转变。这种转变既深刻又全面,其实就是完成了由传统美学向现代美学的历史跨越。

刘勰祖籍山东,是中国历史上最著名的批评家。小时候,刘勰曾读过很多孔子的书,孔子的生平和思想对他产生了很深的影响,很多次他都梦见自己跟随孔子到四方云游。在他眼里,孔子的儒家思想博大精深,而且是最完美、最向善的,为了能够接受更多的儒家思想,刘勰来到了当时京城一个著名的寺庙——上定林寺,向那里的高僧们学习佛经和儒家经典。

在刘勰接收和学习了很多儒家思想的精华之后,便想把它发扬光大,让全天下的人都知道。于是,他开始写论文。在当时,论文形式非常流行,刘勰曾看过许多,如曹丕的《典论·论文》、陆机的《文赋》、挚虞的《文章流别论》以及李充的《翰林论》等,但美中不足的是,这些论文写的都有些广泛和粗糙,无法给人一种完整的感觉。于是,刘勰决心摒弃这种做法,他要把自己的论文写得细致而丰富。

刘勰用去了整整五年的时间,终于完成了一部37 000多字的论文巨作——《文心雕龙》,这部书由五十篇短文组成,结构细腻,取材丰富,风格迥异,语言形式采用当时流行的骈文,使人读起来抑扬顿挫,容易朗朗上口。并且每篇短文都声情并茂,给人以美的享受。如《物色篇》中写道:"山沓水匝,树杂云合;目既往还,心亦吐纳。春日迟迟,秋风飒飒;情往似赠,兴来如答。"再如《神思篇》中提到文思变化倏忽不定的时候,刘勰写道:"故寂然凝虑,思接千载;悄焉动容,视通万里;吟咏之间,吐纳珠玉之声;眉睫之前,卷舒风云之色;其思理之致乎。"另外还有如《神思》、《风骨》、《情采》等,都给后人留下了很美的印象和感觉。

《文心雕龙》主要以儒家的美学思想为基础,向世人展现了语言文学的审美本质及其创造、鉴赏的美学规律。因此,在这部书中,刘勰强调美是成双成对出现的,矛盾的双方各执一词,不偏不倚,如在道与文、情与采、真与奇、华与实、情与志、风与骨、隐与秀的论述中,他都提倡把各种因素结合起来,达到一种和谐而统一的中国古典美学思想,这种美学观点对后世产生了很深的影响。

《文心雕龙》展示了和谐统一的中国古典美学

十九世纪，对于西方，特别是欧洲国家来说，整个社会正处在风云变幻的时期，科学技术快速发展，哲学思潮不断涌现出新的理论观点，文化艺术更是各种流派相互产生。整个社会一方面在政治经济上大幅度地前进，而另一方面又摆脱不了内部深层的矛盾撞击。美学的许多观点也正是在这样动荡的环境中发生了转变，这种转变既深刻又是全面，其实就是完成了由传统美学向现代美学的历史跨越。

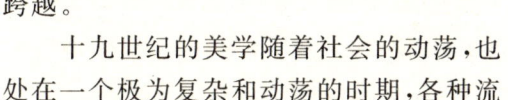

十九世纪的美学随着社会的动荡，也处在一个极为复杂和动荡的时期，各种流派相应而生。在这之前，德国的古典美学已经占据了整个西方的主流位置，一直到二十世纪到来的时候，新出现的科学主义和人本主义两大现代美学主潮也是明显含有德国古典美学的特征。当自然科学被引入到哲学和美学的研究方式中的时候，以费希纳、泰纳为代表提出的以实证方法研究美学的科学主义思潮便应运而生，与此同时，以叔本华、尼采、狄尔泰为代表的人本主义美学思潮又与科学主义的美学观点持相反的论调。人本主义理论是文艺复兴时期涌现的一个新思潮，它所强调的即是自由意志论，人类自由权利不可侵犯。

在俄国，革命民主主义美学也迅速兴起并快速发展。革命民主主义美学很大程度上继承了德国古典美学的思想观点，他们把对美学的研究建立在现实生活的基础上，进而使文学与生活紧密结合。最能够代表这一时期的美学理论就是马克思主义美学的形成和无产阶级美学的兴起，他们具有鲜明的战斗力和功利性。

《文心雕龙》

小知识

刘勰（约465年～520年），字彦和，中国南北朝时期著名的文学理论家。他虽任很多官职，但其名不以官显，却以文彰，一部《文心雕龙》奠定了他在中国文学史上和文学批评史上不可或缺的地位。

罗西尼即兴演奏
体现了非理性美学的嬗变

非理性指的是一些潜意识和无意识的东西，它与理性是相对立的。首先，历史上大量的悲剧就证明了人的非理性或者有限理性。其次，随着社会的发展，人类在自然面前已经处于一种被动的状态。

熟悉新歌剧的人都知道，罗西尼是意大利新歌剧艺术的奠基人。他为各国反映爱国主义思想歌剧艺术的创作提供了全新的、宝贵的创作经验，并进而影响了十九世纪整个欧洲歌剧艺术的发展。

罗西尼的代表作是《塞尔维亚的理发师》，然而，这部作品的首次演出却糟糕透顶，没有收到预期的效果。究其首演失败的原因，除了作品本身存在的问题，当时社会环境和艺术氛围是其主要的因素。

有很多人都半开玩笑地说罗西尼是个懒汉，这并不奇怪，他总是在演出的前夜或当天，才即兴创作要演奏的歌剧。为此，那些剧院的经理们常常急得直搔头发。罗西尼自己也说，在上演他的歌剧时期，所有意大利经理们在三十岁年纪就急秃了顶。他仅仅花了十三天时间创作的歌剧《塞尔维亚的理发师》，不免给人带来粗制滥造的感觉。事实也是如此，剧中有一首曲子描写阿尔玛维瓦伯爵向罗西娜求爱，首演非常糟糕，后来只能重新谱写。

相同的一个脚本，意大利老作曲家、罗西尼的前辈派西埃洛也曾写了一部歌剧，演出效果不错，一直享有较高的盛誉。当时，阿金蒂纳剧院的经理感觉派西埃洛创作的那一部歌剧有些明显不足，戏剧性不强，情节也显得陈旧，于是找到罗西尼，让他重新创作一遍。派西埃洛是一个妒忌心极强的人，他得知罗西尼重新创作了《塞尔维亚的理发师》的消息后，就在首演之夜请来了一大群吹口哨、打响指、喝倒彩的混混，想一举把罗西尼的新剧扼杀掉。

首演的时候，果然按照派西埃洛的想法在发展，演出现场混乱不堪，错误百出。尤其是表演阿尔玛维瓦伯爵求爱一幕，当演员抱着吉他，姿态优美地站在罗西娜的阳台下，准备唱一首歌曲，以表达爱意时，演员却发现吉他未调弦音，他只好停下来调弦。没想到忙中有错，他不小心又弄断了弦，引来观众一阵嗤笑。换上新弦，当他开始演唱，观众一片喧哗，混混们趁机喝倒彩，整个剧院里充满了此起彼伏的嘘声、口哨声、尖叫声,演出在乱糟糟的氛围里,不得不匆忙结束。

面对如此混乱不堪的局面,罗西尼反而泰然处之,不以为然。

演出结束后,罗西尼就针对演出中出现的问题进行了全面的修改,接下来演出一周后,这部歌剧逐渐得到了人们的认可,在人气上开始超越派西埃洛的那部作品。经过罗西尼的努力,他反败为胜,使得首演带来的尴尬慢慢成为了闻逸趣事。

非理性指的是一些潜意识和无意识的东西,它与理性是相对立的。康德认为,人是一种有限理性的存在者。他的这个观点是有理论依据的。首先,历史上大量的悲剧就证明了人的非理性或者有限理性;其次,随着社会的发展,人类在自然面前已经处于一种被动的状态。康德的非理性美学是叔本华哲学思想的明显延续。

康德学说的非理性,主要有三个特点:

1. 从伦理的角度上对情感和自由的认识程度,这种程度是有限的,进而为非理性本身寻找到了一个合理的理由。

2. 澄清想象力对批判哲学体系的设计师建构功能,在凸显想象力无意识意味的同时,进而言明体系漏洞是不可避免的。

3. 人类的智慧多半来自于痛苦的经历,而痛苦的根源又恰恰是非理性所造成的。

这三种理论表明,康德已经用理性的思维方式把人类的有限理性淋漓尽致地诠释出来,并把它推向了哲学的审判台。

康德把对象分为现象界和本体界两部分,这两部分互相交织,对审视美学有着重要的意义。现象界是感性层面上的一种理念,在现象界中,人们利用知识来规范自己的道德行为和审美标准。但是人类常有无法控制理性的时候,这便是本体界的表现。本体界是冲破理性的一种表现,如果人类的理性不能约束非理性的话,人类就无法认知,只能思之而不能知之了。

小知识

古斯塔夫·西奥多·费希纳(1801年~1887年),德国物理学家、哲学家、心理学家、美学家。他对于各种美学问题、原则和方法进行了讨论,奠定了实验心理学美学的基础,被称为"近代美学之父"。其著作有《实验美学论》和《美学导论》等。

献出一生的萨维奇
也献出了二十世纪美学

二十世纪的美学主要包括现代人本主义和科学主义两大思潮。人本主义提倡以科学知识为基础,以人本身为出发点,把人类自身的价值和尊严作为衡量世界万物善、恶、美、丑的基本尺度。

英国有一位很著名的作家,叫理查德·萨维奇。他的作品以现实中的小人物为基础,向世人展示他们的生活与喜、怒、哀、乐。

虽然是知名的作家,但萨维奇的一生并不富裕,尤其是在伦敦居住的那段时间,因为贫穷和饥饿,他不幸染上了疾病。被病魔折磨的萨维奇痛不欲生,不仅不能坚持写作,甚至不能下床,生命受到了严重的威胁。

好心的邻居不忍心看到萨维奇就这样死去,便给他找来了一个医生。医生的医术很高明,经过一段时间的治疗和调养,萨维奇已经能够下地走路,气色红润,并且还能工作。

又过了两个礼拜,萨维奇已经完全康复了,这时候给他治病的医生上门来索取医药费。可是萨维奇实在拿不出来这些钱,无奈只得让医生再等些日子。一个月以后,医生又来了,可是这次依然没有拿到钱。医生很生气,他说:"你的命是我救回来的,要知道我对你有再造之恩,可是你现在连这点医药费都不给我。"

萨维奇不是不想给他钱,可是他实在太穷了。他的书写出来了,又没能发表,别说看病,就连吃饭也都是饥一顿饱一顿,还经常跟邻居借钱。他对医生说:"我非常想报答你,我没有钱,但是我可以把我的一生送给你。"

医生很诧异,只见萨维奇拿过来一本书,重重地放在医生的怀里,那书名是《理查德·萨维奇的一生》。

二十世纪的美学主要包括现代人本主义和科学主义两大思潮。人本主义提倡以科学知识为基础,以人本身为出发点,把人类自身的价值和尊严作为衡量世界万物善、恶、美、丑的基本尺度。

从哲学的角度来说,人本主义就是以人性、人的有限性和人的利益为主题的研究方式。这既是文艺复兴的前提,也是科学主义诞生的一个基本条件。在十七世纪到十九世纪之间,人本主义通常被看做是主体哲学,但是由于哲学家对个体的理解角度不同,对个人主义的解释是多样化的,所以哲学上的个人主义是具有多层含意的。

如果把笛卡尔的"我思"和康德的先验自我的哲学也都纳入人本主义的话,那么在德国广为流行的"新康德主义"就是人本主义中最为典型的流派。因为"新康德主义"继承的是康德科学、自然科学和文化科学,他们所谓的自我,不是平常意义上的自我,也不是以人格为出发点的经验中的自我,他们注重自我和科学研究之间的关系,这与某些学派所强调个人价值的个人主义是不可混淆的。

伊曼努尔·康德

实证主义是现代科学主义的基础,它最早起源于古希腊科学理性精神。实证主义是一种哲学思想,从理论上说,任何拘泥于经验的哲学体系和形而上学的理论都是实证主义所排斥的对象。

实证主义又叫做实证论,它的主要目的就是帮助人们建立认识事物的客观性。在实证家看来,虽然每个人接受的教育和生存的环境是不同的,但是他们用来判断美、丑的感觉和经验是大相径庭的,超越经验或不是经验可以观察到的知识,不是真的知识。

小知识

泰纳(1828年~1893年),法国史学家兼文学评论家,亦是实证主义的杰出代表。其著作有《拉封丹及其寓言》、《十九世纪法国哲学家研究》和《艺术哲学》等。

做自己
才能看到美学的未来发展

　　二十世纪七八十年代，在美学理论上，我国学者提出了一个具有原创意义的新学科，叫做文艺美学。1976年，学者王梦鸥《文艺美学》的出版，为这个新开创的学科提供了名称。1980年，由大陆学者胡经之正式提出建立文艺美学学科。

　　我在很小的时候就读过《圣经》，在书中认识了摩西。为了逃避拉美西斯的统治，他带领希伯来人过红海、出埃及。在五个世纪中，摩西作为一个真正的先知受到整个伊斯兰世界的尊敬，进而也赢得所有希伯来人的尊敬。所以，摩西就成为偶像和英雄驻扎在我们心里。当我们生活或者是行走在这个世界上的时候，就经常被拿来跟摩西做比对。

　　我的名字叫艾伦，我经常想，为什么他们会把摩西拿来做比对，而不是艾伦。因为摩西很伟大，大家都知道，而艾伦是谁，没有人知道。

　　从那时起，我就不再愿意做我自己，不再愿意做艾伦，而是想做另外一个人。比如我想做比尔，因为他很有学问，个头也高，说话也很有头脑。在我心里，比尔已经很完美了。

　　可是渐渐地我发现，比尔好像也不太喜欢自己，因为他平时喜欢跟汤姆在一起，并且很注意汤姆的言行和走路的姿势，他又好像很喜欢模仿汤姆。但汤姆却并不喜欢跟比尔在一起，他经常打电话给乔治，约他一起看电影喝咖啡。可是乔治又总推托说自己太忙，以各种借口拒绝汤姆的邀请。

　　我经常发现乔治在晚饭后去找杰克，他喜欢跟杰克穿一样的衣服，连看问题的观点都一致。而杰克最佩服的人是杜佩，看看吧！他连发型都是模仿杜佩。而杜佩，所有人都知道，他是我的邻居，每天缠着我问东问西，我干什么他就干什么，我喜欢什么，他就喜欢什么。

　　现在好了，我根本不需要崇拜别人，也不需要模仿别人，我只按照自己的行为和思维习惯做我自己就好了。

　　二十世纪七八十年代，在美学理论上，我国学者提出的一个具有原创意义的新学科，叫做文艺美学。1976年，学者王梦鸥《文艺美学》的出版，为这个新开创的学科提供了名称。1980年，由大陆学者胡经之正式提出建立文艺美学学科，并开始在自己的著作中着重探究和论述美学的对象、性质、方法等问题。在二十年间，胡经之发表了《文艺美学》、《文艺美学论》和《文艺美学方法论》等著作，并且还发表了近百篇论文，为文艺美学奠定了理论基础和研究方向。虽然文艺美学在各方面还不成熟，但它在整个美学界也逐渐有了自己的地位，其被认可主要在于以下几个方面：

1. 科学性质。科学家认为，所谓的文艺美学是介于文艺和美学之间的一门学科，它既属于边缘学科，又是二者相结合、相互交叉的产物。这样的前提使它既含有美学的人文学科特征，也从总体上概括了文艺与美学的双面特性，所以把它称作文艺美学是名副其实的。

摩西从磐石中取水

2. 学科位置的测定。学科位置的测定是确认其学科性质的基础，因为它具有美学和艺术的双重性，所以可以从美学和艺术两个方面来测定它的位置。从大的美学系统来看，文艺美学的位置处在一般美学和主体美学的中间地带。相对于普通美学而言，文艺美学是一种很特殊的美学；而相对于主体美学来说，文艺美学则属于一般美学。

小知识

王国维（1877年～1927年），近现代在文学、美学、史学、哲学、古文字、考古学等各方面成就卓著的学术巨子、国学大师。他是近代中国最早运用西方哲学、美学、文学观点和方法剖析评论中国古典文学的开风气者，生平著述六十二种，代表作为《人间词话》。

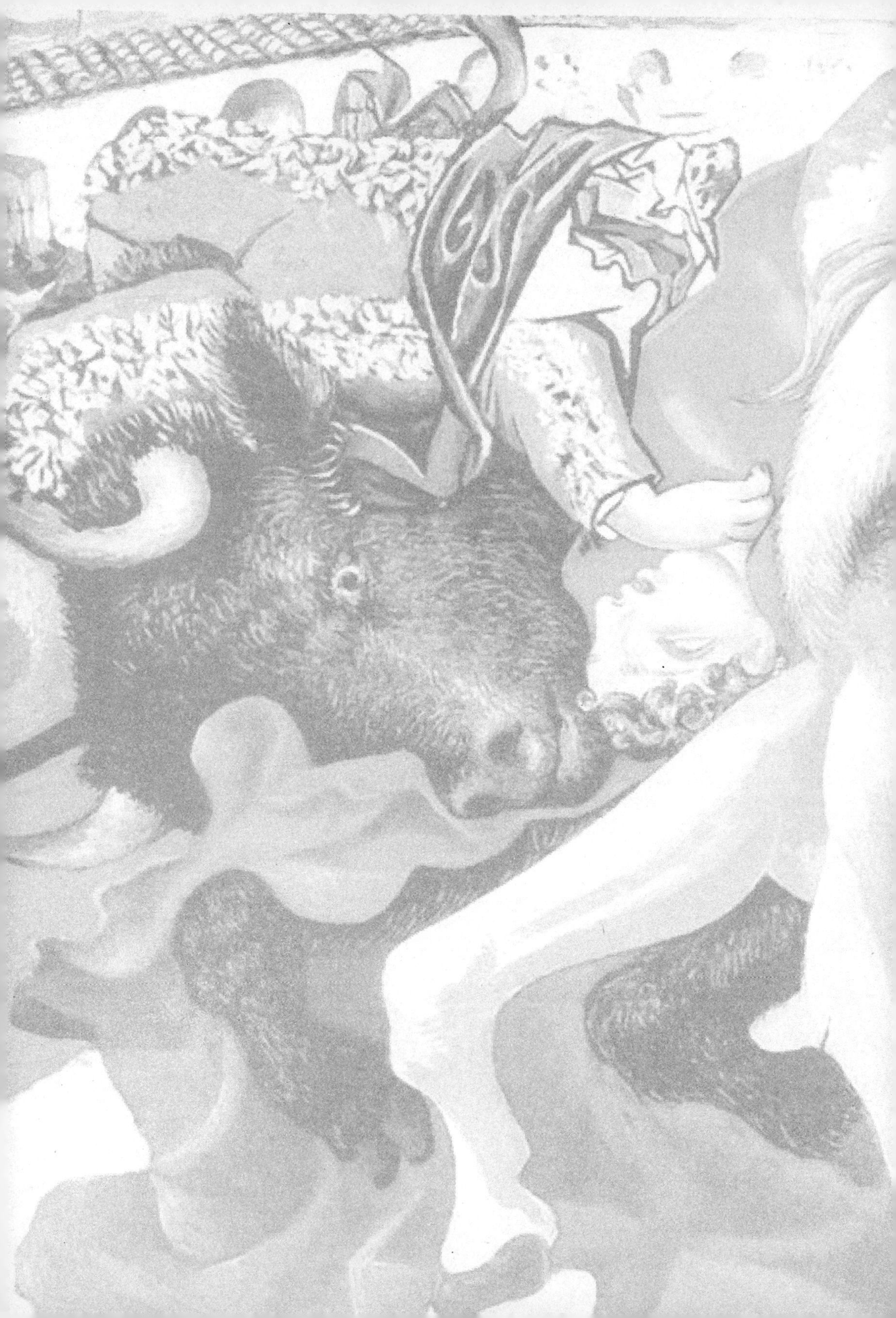

第三篇

借你一双寻找美的眼睛

——美学方法

莫扎特用鼻子
找到了琴键上的黄金比例

0.618,著名的黄金分割是最具有美学意义的数字分割规律。艺术家们很早就开始按照黄金分割的比例来刻画和塑造自己的作品了,如达·芬奇的《维纳斯》和米开朗基罗的《大卫》等。这些艺术作品的精确结构,无不依赖于黄金分割的奇妙特性。

海登比莫扎特大二十四岁,他们既是师生,又是一对忘年交。海登非常喜欢莫扎特,经常对他的音乐才华赞不绝口;而莫扎特也常常庆幸自己能够有海登这样一位老师,他既是一个谈得来的知己,又能以长辈的身份为自己指点迷津,在音乐事业上,海登给了莫扎特很大的帮助。

由于年龄的悬殊,在海登面前,莫扎特有时候会表现得像个孩子。有一次两人在聊天,海登对自己的这个学生非常自豪,而莫扎特也知道自己有着作曲方面的天赋,他对老师说:"我作的曲子不是谁都能弹得了的。"

"那可不一定,你作的曲子,我就弹得了。"

"那来试试吧!"说着,莫扎特找来纸张,开始作曲。

几分钟以后,曲子出来了,海登拿着乐谱,坐在钢琴前开始演奏。弹着弹着,他发现了问题,便惊奇地说道:"这是什么乐谱呀?我的两只手在钢琴的两端,怎么会有一个音符突然出现在琴键的中间?我又没有第三只手,这样的曲子根本谁也弹不了。"

"让我来试试。"莫扎特微笑着坐在钢琴前,他的手一碰着钢琴,便演奏出来一串串美妙的音乐。而弹到海登刚才说的那个音符时,他弯下身子,用鼻尖用力点了一下钢琴中间的琴键,美妙的音乐又开始继续。

莫扎特的这个小动作让海登大为惊奇,他不得不伸出大拇指说道:"你真是太棒了,这种做法我怎么就没想到呢?"

0.618,著名的黄金分割是古希腊在"万物皆数"这个自然哲学命题上提出的,最具有美学意义的数字分割规律。黄金分割所体现的是人们在最原始的生存环境下,对美的向往和剖析。

可是,人们为什么会把黄金分割的规律定在0.618这个数字上呢?这应该追

莫扎特用鼻子找到了琴键上的黄金比例

溯到人类的起源与进化。在从猿到人的进化中，虽然四肢和颅骨发生了很大的变化，从比例上看，已经趋向于 1:0.618 的黄金比例，但是这样的形体还不足以体现美感。意大利一个著名的画家在观察芭蕾舞演员跳舞的时候，发现演员的脚尖总是习惯地向上踮起，适当地增长加了下半身的长度，这样的基准形体与选手旋转的舞姿相结合，带给人们无限美妙的视觉冲击，这也就是奇妙的黄金分割效果。

人类最早研究的黄金分割的对象就是人体。科学的测量显示，人体内部的结构至少有十四个黄金分割点，所以说，人体本身就是黄金分割的最有力的证据。人类之所以会对黄金分割产生美感，是因为在看到一件物品的时候，会实时在大脑内部产生 α、β、γ、ε 和 τ 等五种脑电波。在五种脑电波中，凡是被归结为美的东西，透过视觉所产生的脑电波均为 β，β 的频率值最接近 0.618。

罗丹的雕塑作品——《青铜时代》

艺术家们很早就开始按照黄金分割的比例来刻画和塑造自己的作品了。如达·芬奇的《维纳斯》、米开朗基罗的《大卫》和罗丹的《青铜时代》等，这些艺术作品的精确结构无不依赖于黄金分割的奇妙特性。

小知识

欧多克索斯(公元前 400 年～公元前 347 年)，古希腊时代成就卓著的数学家和天文学家。他有系统地研究了黄金比例，并为此建立了整套的理论。他认为所谓黄金分割，指的是把长为 L 的线段分为两部分，使其中一部分对于全部之比，等于另一部分对于该部分之比。

借你一双寻找美的眼睛——美学方法

科尔的律师梦表达的是移情美学

审美过程中,把情感移植到某种对象身上的现象叫移情现象,它要求被移植的对象与人本身的思想是一致的,审美情趣是和谐统一的。它把被移植对象拟人化,使其有了主题想要表达的情感,以便更好地发挥和渲染主体情感。

在美国,有一名律师名字叫做科尔。科尔虽然是一位女人,可是却顶着一头灰白的头发,右边的眼角向下倾斜,嘴角向上翻起……科尔之所以会有这样的容貌,源于小时候的一场大火,本来秀美的脸被烧得面目全非。更不幸的是,事后医生又告诉她一个可怕的消息,她被确诊患上了世界罕见的进行性面部偏侧萎缩症,目前这样的病症还没有有效的治疗方法。

由于相貌变得丑陋,科尔在学校被视为异类,经常有人欺侮她。有人在路上拦截她,口里大喊着"怪物、怪物",还有人给她取了外号叫"歪鼻子"、"白头翁"等,甚至一些人还恶搞地把她的照片贴到了网络上。一些网友同情她,而另一些则是辱骂、责怪她不该把照片贴上来,为此双方还进行了唇枪舌剑的辩论。但是他们谁也没有顾及到科尔的痛苦,更没有人来安慰和陪伴她,所有的压力都是她独自承受。

后来,科尔以优异的成绩考上了大学。在一次社会心理学课上,老师问:"大家都来说说你们的理想吧!"

同学们的理想五花八门,只有科尔一言不发。老师问:"科尔,你将来想做什么?"

"她的理想是整容。"一个同学抢先回答,然后教室里哄堂大笑。

"不,你说错了,我的理想是当一名律师。"

科尔的话又引来一阵笑声,他们叽叽喳喳说:"谁敢用你这样的律师?吓都吓死了。"

但是老师没笑,他接着问道:"为什么?"

"因为我看到有很多像我一样身患残疾的不幸者,他们饱受世间的侮辱和歧视,我的理想就是当律师,要去帮助他们获得正常的权利。"科尔的理想出乎同学们的意料,教室里立刻安静下来,他们第一次用肃然起敬的目光注视着这个相貌丑陋的女同学。

科尔的律师梦表达的是移情美学

后来,经过不懈的努力,科尔终于如愿以偿地当上了律师。这时候她的面部萎缩得更厉害了,可是她说:"这没什么可怕的,容貌并不重要,生命中最重要的是自信和坚强。"

审美过程中,把情感移植到某种对象身上的现象叫移情作用,被移植的对象与人本身的思想是一致的,审美情趣是和谐统一的。它把被移植对象拟人化,使其有了主体想要表达的情感,以便更好地发挥和渲染主体情感。

移情现象在生活中随处可见,引发这种现象的因素主要有这几种:

1. 由丰富的联想引发的移情。在创作的过程中,往往那些生动富于跳跃性的思维,比那些简单的、理性的、拘泥于现实的思维更具有感染力。特别是在诗歌创作过程中,诗人的思维往往会从时间、空间以及其他相似的事物中,产生丰富的联想,进而引发移情现象。比如"秋阴不散霜飞晚,留得枯荷听雨声"。从唯物主义的角度来说,诗歌中的移情现象是相对于事物引发的一种具有能动力和创造性的结果。

2. 由心境产生的移情。所谓的心境,就是指人的情绪由于某些因素的影响,而被染上一些特殊的色彩。心境可以是愉快的,也可以是悲伤的,当你在愉快的时候,所看到的一切都是乐观的、积极的,比如"停车坐爱枫林晚,霜叶红于二月花"所表达的就是诗人的愉悦,而"烽火连三月,家书抵万金"所表达的则是诗人对时局的惶恐和感伤。

3. 由联想和心境共同产生的移情。大多数情况下,联想和心境是整体的概念,由心境引发联想,由联想铺染心境。比如"春蚕到死丝方尽,蜡炬成灰泪始干"一句中,诗人的移情既有联想思维,同时又有心境的成分。

小知识

贝奈戴托·克罗齐(1866年~1952年),意大利著名文艺批评家、历史学家、哲学家,在历史学、历史学方法论、哲学和美学领域颇有建树。其著作有《美学原理》、《逻辑学》、《历史学的理论与实践》和《实践活动的哲学》等。

借你一双寻找美的眼睛——美学方法

李煜的《虞美人》讲述了悲情思想观

在接触或是认识一件事物之前,鉴于自身的审美情趣和处世经验,往往会勾勒出对方的大致形象,这种虚拟对方形象的现象叫期待视野。德国美学家耀斯曾大致地把期待视野规划为三个层次,即文体期待、意象期待、意蕴期待。

中国历史上曾出过一个才华横溢,但却又非常忧郁的帝王,他的名字叫李煜。

与历史上其他的皇帝不同,李煜虽然出生在帝王之家,但是他在后宫长大,整天与妇人相伴,所以他骨子里并不是一个喜欢征战的人。相反,他喜欢安逸、清静、雅致的生活。李煜和父亲李璟一样,是文学造诣极高的词人,谁知竟阴差阳错地登上了皇位,并因此造就了自己一生的悲剧命运。

李煜当上皇帝以后,娶妻周娥皇。周娥皇诗词俱佳,与李煜是夫唱妇随,相得益彰,尤其是由两人共同谱曲填词的《霓裳羽衣曲》,在当时更被广为流传。

由于李煜不善于治理国事,该杀的人不杀,不该杀的人却杀了,以至于整个国家在他的治理下日渐败落。不久,他的爱妻周娥皇不幸病逝,这给了他致命的打击。而此时北宋不断的侵袭更让他苦不堪言,他不断向北宋进贡,在委曲求全中苟且偷安了十几年。但最终南唐还是被北宋灭掉了,李煜因此成了阶下囚。

李煜被带至开封,囚在东京城西皇家园林金明池北部一所冷清的院落里。这种亡国奴的生活使李煜丧尽了尊严,也受尽了屈辱。太平兴国三年(公元978年)的七夕,恰好是他四十二岁的生日。看着满院的菊花随着寒风凄清开放,伴随了冷淡的花香,身在异国他乡的李煜心中充满了哀愁和伤感。于是,他提笔写道:"春花秋月何时了,往事知多少,小楼昨夜又东风,故国不堪回首

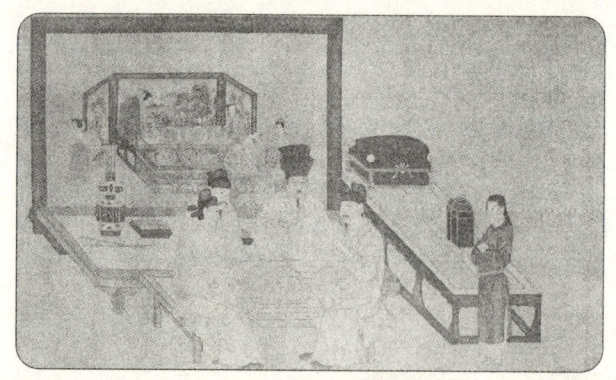

中国五代十国时期南唐画家周文矩所画的《重屏会棋图》卷,描绘了南唐中主李璟与兄弟们在屏风前对弈的场面

月明中……问君能有几多愁,恰似一江春水向东流。"

　　这首《虞美人》表达了李煜对祖国的思念和对现实的无奈,可是现实是残酷的,不久,他写的这首词便引起了宋太宗赵光义的猜忌。他认为李煜妄图复辟,便在一次宴会上,命人在李煜的酒中下了剧毒"牵机药",将其毒死。一代精通诗词书画的君王就这样在悲愤中离开了人世。

　　人在接触或认识一件事物之前,鉴于自身的审美情趣和处世经验,往往会勾勒出对方的大致形象,这种虚拟对方形象的现象叫期待视野。

　　德国美学家汉斯·罗伯特·耀斯曾把期待视野划分为三个层次,即文体期待、意象期待、意蕴期待,这与一件艺术作品从构思到完成大体所需的层次是相对应的。一件作品在问世以后,从观众那里回馈的意见,无论是欣赏、赞许,还是鄙夷、反驳,对作者来说,都可以成为衡量作品价值的尺度。这种尺度就是期待视野与成功作品之间的距离,而熟悉这种创作规律的人,会在这种尺度之间寻找能够让社会接受的契合点,进而创作出更完美的作品。

　　从接受者的角度来说,他所产生的期待视野并非是一成不变的,因为在接受新艺术的过程中,他的思维既受原来视野的约束,同时又在努力检修和拓展期待视野的内容。艺术家们反复在原来作品上推敲和创新,其实也是期待视野被不断更新的结果。

　　汉斯·罗伯特·耀斯生活在文化范式转换的历史时期,同时他又受来自于俄国陌生文学以及其他文学转变的影响,所以在评价作品时,他一直把是否有创新的内容看做是首要条件。

　　一件作品的期待视野被观众接受以后,他们自然会在后来的作品中希望看到新颖的东西,这种要求如果一直被满足,就会激励出许多新的作品。反之,如果被漠视,就会使作品的水平每况愈下。

小知识

　　乔治·卢卡奇(1885年~1971年),匈牙利美学家、文艺批评家、哲学家。他坚持用马克思主义的社会历史观点进行美学研究,并第一个证明马克思主义美学体系的独立性。其著作有《美学》、《审美特性》、《美学史论文集》、《美学补遗》和《艺术与客观真理》等。

蔡邕制琴
体现了心灵是审美因素

心灵具有对事物独特的鉴赏能力,这种鉴赏能力既有先天赋予的审美因素,也有后天阅读而来的经验。从这个意义上来说,心灵其实就是一个自由意志。

蔡邕是汉末著名的琴家,他通晓音律,也对琴很有研究,关于琴的选材、制作、调音,都有一套精辟独到的见解。别人抚琴弹奏时的一点小小差错,也逃不过他的耳朵。

蔡邕的音乐感受力极强,能从乐曲中轻易感受到作品要表达的深意,以及旋律中透出的情绪。

一日,邻居请蔡邕喝酒,他才刚到主人家门口,就听见屏风后面有人在弹琴。蔡邕很有兴趣,便倚在门边偷听,听着听着,只觉得这曲子里有浓浓的杀气。他心想:"不对呀,说是请我来喝酒,怎么杀气重重?"想到这里,蔡邕转身就走。

门人告诉主人:"蔡大人刚才来过了,可是到门边又走了。"蔡邕向来受人尊重,主人一听,急忙追去,把他邀回家中,再三追问其故。蔡邕便把刚才的感受一一相告。主人家的人都觉得奇怪,结果还是弹琴的人道出了原委:"我刚才弹着琴时,看见一只螳螂正向一只鸣蝉进攻。当时蝉作势欲飞,我心里很紧张,唯恐螳螂捕不住它的猎物,于是就把杀机表现到乐曲中去了。"

蔡邕为人正直,性格耿直诚实,眼里容不下沙子,对于一些不公平的现象,总是勇于对皇帝直言相谏。后来受奸人陷害,他便辞官隐居了起来。

《斫琴图》局部

在隐居吴地的那些日子里,蔡邕常常抚琴,借着琴声来抒发自己壮志难酬反遭迫害的悲愤之情。

蔡邕制琴体现了心灵是审美因素

蔡邕不但善于演奏古琴,还很会制琴。

有一天,他坐在房里抚琴,女房东在隔壁的灶间烧火做饭。她将木柴塞进灶膛里,火星乱蹦,木柴被烧得"劈里啪啦"地响。

木柴清脆的爆裂声,被隔壁蔡邕听到,他不由得心中一惊,抬头竖起耳朵细细听了片刻便大叫一声:"不好!"跳起来就往灶间跑。来到灶台前,伸手就将那块刚塞进灶膛当柴烧的桐木扯了出来,大声喊道:"别烧了,别烧了!这可是一块做琴的好材料啊!"蔡邕的手被烧伤了,他也不觉得疼,惊喜地在桐木上又吹又摸。好在抢救及时,桐木还很完整,蔡邕就将它买了下来。接着,他精雕细刻,费尽心思地将这块桐木做成了一张琴。

这张琴流传下来,成了世间罕有的珍宝,因为它的琴尾被烧焦了,人们就叫它"焦尾琴"。

从生物学的理论上把动物与植物区分开来的标准,就是心灵。除了生理功能以外,心灵还具有对事物独特的鉴赏能力。这种鉴赏能力既有先天赋予的审美因素,也有后天阅读而来的经验。人们在判别或选择一种事物的时候,往往最先得出结论的就是心灵,而后的选择则受到了经验和社会的约束。从这个意义上来说,心灵其实就是一个自由意志。

心灵是一个可以调配感情取向的感受器,日常生活中的喜、怒、哀、乐,都是由心灵来传达的。心灵的感受有它的隐匿性,比如当我们在感受痛苦的时候,表面上可以装作满不在乎。对生活以及社会的感受,无论爱恨、忧愁,心灵都有它自己的选择。

精神分裂和爱是心灵的两种存在状态。精神分裂是因为人类在遇到一件残酷的事情时,极度失望和悲伤所产生的,产生这样状态的人被称作精神分裂者。精神分裂会影响分裂者本身对事物的认识、判断、情绪以及自身行为等。而爱则相反,它是人类在遇到某些不可接受的事实时候,所表现出来的一种平静坦然的状态。爱是心灵的一种状态,如果心灵没有爱,那么人是无法体会或者感受到爱的。

小知识

詹巴蒂斯塔·维柯(1668年~1744年),意大利哲学家、美学家和法学家。他在世界近代思想文化史上影响巨大,其代表作有《新科学》、《普遍法》及《论意大利最古老的智慧》等。

第三篇
借你一双寻找美的眼睛——美学方法

李清照的诗词表现了美学的虚实意境

从功能上来讲,"意境"属于艺术辩证法之列。意境是意与境相结合的产物,意为主观意识,境为客观境界,并且意是溶于情理,境是形神相交,它们相互契合,相互制约,进而给作品带来一种独特的美感。

宋神宗元丰七年(公元1084年),李清照出生在一个官宦人家。由于李清照的父母都精通古代诗文,所以她自幼就学习古典诗词,接受中国传统文化的审美熏陶。当时的女孩主要任务就是学习传统的女红,可是李清照却对此不予理睬,她不仅阅读了父亲留在家里的很多藏书,而且在填词作诗方面也是卓有成就。

李清照的填词大气如虹,常常令男人自叹不如。十八岁那年,她嫁给了当朝丞相的儿子赵明诚,赵明诚也擅长诗词,两人常在一起切磋技艺。李清照的一首《如梦令》:"昨夜雨疏风骤,浓睡不消残酒。试问卷帘人,却道海棠依旧,知否?知否?应是绿肥红瘦。"便是表达了对丈夫的深情。后来赵明诚被派到青州做官,即使是中秋佳节,夫妻也只能对月相望,李清照便以写诗词来表达对丈夫的思念。她写的"佳节又重阳,玉枕纱厨,半夜凉初透。莫道不消魂,帘卷西风,人比黄花瘦"便淋漓尽致地向远方的亲人倾诉了心中的无限思念。

1126年,北方的金王朝举兵南侵,攻克了青州。李清照便带着收藏的文物,与丈夫一起逃到了南京,后又来到池阳。没过多久,宋高宗便把赵明诚调到湖州任职,并要求赵明诚在上任之前到南京去一趟,赵明诚奉命去南京,李清照只好在家里等待。

本以为不用多久,丈夫就会回来,可是左等右等,依然是杳无音信。李清照正心急如焚之际,收到了南京的来信,原来赵明诚在南京生了大病,生命垂危。李清照不顾一切连夜乘船赶到了南京,而此时的赵明诚已是骨瘦如柴、奄奄一息了。

没过几天,赵明诚便离开了人世。

丈夫的离去,给了李清照致命的打击。后来,她写下了《声声慢》:"寻寻觅觅,冷冷清清,凄凄惨惨戚戚。乍暖还寒时候,最难将息。三杯两盏淡酒,怎敌他晚来风急!雁过也,正伤心,却是旧时相识……"

这首小词,道出了李清照无双的才气和晚景的孤独凄苦。

李清照的诗词表现了美学的虚实意境

在许多抒情作品中,艺术家往往给观众呈现出一种虚实相生、跳跃着生命韵律和诗情画意的空间,这种空间就是意境。意境是由多种丰富的形态构成的体系,它常常作为最高级的整体形态出现在文学作品中。

从功能上来讲,"意境"属于艺术辩证法之列。意境是意与境相结合的产物,意为主观意识,境为客观境界,并且意是溶于情理,境是形神相交,它们相互契合、相互制约,进而给作品带来一种独特的美感。

意境的结构是虚实相生,实是实景实境,是作品的内在因素,而虚则是指构思幻想,是游离于现实之外的情景。先实后虚,虚境是实境的升华,实境是虚境的载体,二者相融,使作品达到一种立于实境基础之上的具有创造性的价值。

意境理论的前身是"意象"说和"境界"说。在这两种理论的前提下,唐代诗人王昌龄和诗僧皎然提出"取境"、"缘境"的说法,之后刘禹锡和司空图又进一步提出了"象外之象"、"景外之景"的创作见解。

到了清明时期,文学界对"意"与"境"的解释又有了新观点,叶燮认为意境没有先后之分,他主张一幅作品,"意"与"境"应该适切地结合起来,情景交融的境界才是最完美的。

意境的重要意义是改变了艺术家尤其是画家固有的绘画技巧,他们逐渐放弃了呆板的绘画作风,从"实对"、"写生"的绘画道路开始,在绘画作品中融入了"澄怀味象"、"得意忘象"等因素,进而使绘画作品迈上了一个新的高度。

《李清照小像》

小知识

朱光潜(1897年~1986年),著名美学家、文艺理论家、翻译家,中国现代美学的开拓者和奠基者之一。他所著的《西方美学史》是中国学者撰写的第一部美学史著作,具有开创性的学术价值。此外,他还著有《文艺心理学》、《悲剧心理学》、《谈美》和《诗论》等。

庄子和惠子论争是审美差异性的表现

美本身是形象具体的。人们经常把自身的态度、感受、思想意识以形象思维方式融入到事物的形象里面,进而衍生出美的具体内容。所以说,美感是形象思维社会因素的结合体。

庄子与惠子是一对无话不谈的朋友,他们年龄相仿,比邻而居,经常在一起聊天喝酒、辩论争斗。庄子心境豁达,追求自然的生活情调,对财富和权势不屑一顾;而惠子则与之相反,他一生追求功名利禄,并且心眼狭窄,生性多疑。为此,庄子常常奚落他。

惠子在梁国做国相的时候,有一次,庄子准备前去看望。这时候,惠子身边的人就告诉他说:"你要小心,庄子表面上是来看望你,其实是心怀叵测。他此次来是探听虚实,借以取代你的位置。"

惠子信以为真,他命人在梁国布下天罗地网,搜查了三天三夜,最后在一家客栈抓到了庄子。当庄子与之见面的时候,他跟惠子说:"在南方,有一种很奇特的鸟,说它奇特,是因为它栖息的时候只选择梧桐树,喝水只喝甜美的山泉,即便是从南海飞到北海,在这样遥远的路途上,它也不会改变自己的习惯和本性。有一次,它在路上遇见了一只猫头鹰,那猫头鹰看见它就发出恐吓的声音,原来猫头鹰爪子上按着一只死老鼠,害怕鸟儿来抢夺它的食物。"

惠子明白庄子这段话的含意,便有些自惭形秽。他邀庄子到附近的濠水游玩,到了桥上,庄子说:"看着桥下的鱼,多么自由和快活呀!"

惠子问道:"你不是鱼,怎么知道鱼快乐与否呢?"

"你又不是我,所以感受不到我所说的鱼儿的快乐。"

"我不是你,你也不是鱼。"

"可是你刚才问我怎么知道鱼的快乐,说明你感觉到我对鱼的感受了。"

……

两人这样唇枪舌剑,却又其乐无穷。

后来,惠子因病去世,庄子十分悲痛。他从惠子的墓地回来,告诉身边的人说:"从前有两个卖艺的人,其中一人往自己的鼻子尖上抹一点白粉,只有豆粒大小,而另一个人就能准确无误地用斧头将之砍掉,对方的鼻子毫无损伤,且气定神闲。后

庄子和惠子论争是审美差异性的表现

来,另有人找到了这个会砍斧子的人,希望跟他配合,可是他说:'我只有跟我的对手在一起才会有这样的表演,现在他已经离开人世,我的手艺也早就没了。'"

接着,庄子深叹一口气说道:"惠子就是能与我匹敌的对手,没有他,我便再无可以辩论之人。"

从形象上来说,美具有直线性和可感性,但是通常在审美的过程中,人们对美的感受、欣赏和评价又有各自的区别。这种审美感觉上的差异性,既取决于时代、阶级、地域和民族的不同,还取决于人与人之间道德修养和文化层次的不同。美本身是形象具体的。人们经常把自身的态度、感受、思想意识以形象思维方式融入到事物的形象里面,进而衍生出美的具体内容。所以说,美感是形象思维社会因素的结合体。

庄周梦蝶

人的美感不是与生俱来的,它是自然天赋和后天社会实践的统一。

人类的美感是来自于动物本能而又超越于动物之上的,美的起源与发展永远也离不开社会实践这个大前提。首先,美感应该遵循社会实践的原则。其次,它作为一种能够满足精神需求的艺术又远远立于社会实践之上。随着美感事物的增多、活动范围的扩大,美感又被赋予了新的意义和内容,从这一点上说,美有起点,但永无终点。

夏夫兹博里曾经说过,人类除了视、听、味、嗅、触五种感觉器官之外,还有隶属于心灵和理性的感官,比如内在的眼睛、内在的节奏感等,这就是第六感观。

第六感观是与理性相结合的,同时又有着深厚的文化积淀做后盾,所以它不是一般意义上的感觉器官。比如第六感观有时可以从声音上辨别事物的善、恶,有时以目测可以判断出对方阴谋邪恶。

> **小知识**
>
> 夏夫兹博里(1671年~1713年),英国伦理学家、美学家,新柏拉图派代表人物。他的全部学说都在于证明道德感和美感是共通的、先验存在的,这种先天的能力即"内在的感官",属于人的理性部分,但仍是一种不假思索的感官能力。其著作有《论特征》等。

第三篇
借你一双寻找美的眼睛——美学方法

尤利西斯拒绝诱惑论证了审美无利害

审美无利害,是指主体以一种放弃功利的知觉方式对对象的表象的观赏。其中最重要的一点,就是主体放弃与对象的利害关系,也就是对所观照对象的质料方面失去兴趣,而更为关注审美对象的纯形式方面。

女妖塞壬三姐妹是河神阿克洛奥斯的女儿,因为与缪斯比赛音乐落败而被拔去了双翅,只好在海岸线附近游弋。她们有时会变幻为美人鱼,用婉转的歌声来引诱过往的水手,听到歌声的人往往会失魂落魄,最终落得个船毁人亡。

一次,英雄尤利西斯和他的水手伙伴们漂流到了这片属于塞壬的海域。当尤利西斯还在艾尤岛的时候,女巫喀尔刻就警告他说:"尤利西斯,当你经过塞壬居住的海岛时,一定要告诉你的伙伴,用蜡团将耳朵塞起来,千万不能听到她们的歌声。如果你想听一听塞壬的歌声,就让你的伙伴们先把你的手脚捆住,然后把你绑在桅杆上。你越是请求他们将你放下,他们就得把你捆得越紧。"

三天后,尤利西斯抬手眺望了一下远处隐约可见的塞壬岛,并用力握了一下拳头,试图驱除心头那一闪而过的悸动。

"无论如何也要闯过这个可怕的魔鬼之岛!"想到此,他立刻命令舵手将船停住,并按照喀尔刻的嘱咐,亲手割下一块蜜蜡,用它塞住了所有伙伴的耳朵。

然后,他打了个手势,让手下的人用铁索将自己绑在了航船中间的桅杆上。

航船继续前行,在到达塞壬岛的时候,海面上突然飘来了悠扬的旋律。那歌声穿透尤利西斯耳鼓,直抵他的心灵,令他异常地陶醉和神往。

听着听着,尤利西斯感觉自己此刻如置身于云朵之上,并且看到了自己的故国家乡。他美丽的妻子正在寝宫中抚摸着自己战袍上的图案,眼里满是思念的泪水。爱子站在身边,大声地喊着爸爸。他正想上前拥抱自己的妻儿,却发现自己竟被绳子绑住了。尤利西斯向手下大声叫喊,命令他们给自己松绑,可是这些人像聋子一样,只顾着拼命地摇橹。这时,他看见自己的妻子遭到了强盗的凌辱,儿子也被赶出了宫殿,流落街头。见此情形,尤利西斯眼睛都红了,真想抽出宝剑,将那些作恶的人剁成肉泥。可是,他的身上绑着拇指粗的绳子,根本无法动弹。他拼命地挣扎,并不停地做手势,请求将自己放下桅杆。没想到,他的伙伴们不但不给他松绑,反而越捆越紧,并且还加了一道绳子。尤利西斯越发愤怒,他大骂手下的人忘恩负义,骂着骂着便昏了过去。过了许久,他迷迷糊糊醒来,突然产生了一股抑制不住的欲望,想奔到岛上与美丽的塞壬在一起。可是,无论他如何请求、咒骂、做手势、挣扎,他的伙伴们都无动于衷,仍然不顾一切奋力地摇桨前行。

终于,塞壬的歌声越来越远,直到湮灭在广阔的天际。这时,伙伴们才给尤利西斯松绑,并取出耳朵中的蜜蜡团。

"审美无利害"中的"利害"原本是一个伦理学概念,后被借用到美学之中,同时其含意也发生了变化。在夏夫兹博里看来,"利害"一词包含两层意义:一是价值层的,二是欲望层的。对于美学而言,主要是第二层在起作用。那种排除了欲望的活动,就可以被称为"无利害"的。即当一个人不为任何一种预期后果进行思索之时,那么他就是无利害的。故事中的尤利西斯不为"船毁人亡"这一预期后果而进行思索,所以他能脱离生与死之间的利害关系。

对于审美活动本身,无利害性是它的一个显著的特点,但是审美活动带给人们的间接影响却是不能忽视的。比如说审美可以带给人精神上的享受,或者说带人进入一种更深层的境界,提高和改变价值观,这也都是一种利害。所以说,无利害关系的审美带给人的影响却是有利害关系的。但是这种利害也不是通常意义上的利害,它是相对于美学理论范畴内的一种说法,也可以说它是超越实际利害关系的超功利性。

美是一种观念,它是由感觉器官带来的一种印象,与心灵上的感受是一致的。所以,在十八世纪,英国美学家们得出一个结论:审美活动本身是不存在利害性的。

与真、善不同,美不会给人带来实际的利益,虽然说美同样能够给人带来愉悦,但是这种愉悦是自由的、自然的,它不受功利的左右。如果盲目地以功利性来追求美感的话,很容易出现问题。例如在绘制一位古代帝王的时候,艺术家们往往会加上自己的想象,使帝王的形象更完美、更英武,但是却没能反映出他的真实面目,这种弊端是显而易见的。

康德也曾经分析过为什么审美没有利害关系这一说法。他认为,审美活动只是对事物表象所表达的一种态度,这种态度是客观的、公正的,与事物的真实存在是没有关联的,它不受事实的影响,进而也就保证了它的无利害性。

禅宗机锋
揭示了语言中的符号美学

广义上的符号学是研究符号传意的人文科学，当中涵盖所有涉文字元、讯号符、密码、古文明记号、手语的科学。

司马头陀是百丈禅师的座下弟子，这人很有学问，上知天文，下知地理。

有一天，司马头陀云游归来，向百丈禅师建议说，沩山是一个不错的地方，如果在那里建立佛家丛林来收徒修行、普度众生的话，能够建立一个可以容纳五千五百名以上弟子修行的大道场。

百丈禅师听后非常高兴，就想打趣一下这个弟子，看看他的灵性和感悟能力。于是笑着说："既然有这么好的一个地方，像我这样的得道高僧，去沩山建立道场可以吗？"

司马头陀未加思索就脱口而出："沩山是座肉山，大师您是一个骨人，假如您要去做住持的话，那就是骨人和肉山相结合，将来最多能收纳一千人的门徒，不会再超过这个数目了。"

百丈禅师看了一下众弟子，指着首座华林，向他问道："华林首座可以吗？"

司马头陀摇着头否认："华林首座也不能胜任。"

百丈禅师接着指向寺里煮饭的僧人灵佑，笑着问司马头陀："那么灵佑可以吗？"

这次司马头陀坚定地点点头说："他完全可以。"

华林首座很不服气，他不以为然地对百丈禅师和众僧说："师父的弟子里，我位列第一，如果我都达不到要求，不能去当住持，谁还能去？灵佑位列倒数，只是一个烧饭的厨子，他有什么本事能去呢？"

百丈禅师看到华林不服气，便有心检验一下弟子们的修行，于是想了个主意。他说："我看这样吧！我出个题，你们两个不妨比试一下，谁胜出，谁就去。题目就是我在众僧面前下一转语，谁能出奇制胜，谁就赢了。"

说罢，百丈禅师看了众僧一眼，指着座位前的一个净瓶说道："不得把它叫净瓶，你们叫它什么？"

华林答道："不能够叫门闩。"

禅宗机锋揭示了语言中的符号美学

百丈禅师转头去问灵佑，只见灵佑一言不发，走上前去，一脚就把净瓶踢倒在地。

百丈禅师哈哈大笑，做出了最后的评判："华林首座你输了，煮饭的灵佑胜出。"

于是百丈禅师就派灵佑去沩山开辟道场，并做了住持。灵佑果然不负众望，到沩山后，大阐一代宗风，开创了禅宗五家七宗之一的沩仰宗。

在人类文明的进化过程中，欧洲最早提出引用符号来为文化和生活做辅助服务的，是瑞士语言学家的创始人索绪尔。

索绪尔从理论上把这门学科分为"能指"和"所指"两部分。能指是指由声音和形象两部分组合而成的符号的物质形象，而所指指的是符号所具有的含意。这样的符号在特定的社会环境中，被指定与某种事物产生关联，进而使使用者能够轻松地联想到这种事物。"能指"和"所指"之间可以随意搭配，但是作为语言学，它又有严肃的实用意义。

符号是一种语言结构，把这种语言结构分成两个部分，目的在于告诉人们，"能指"和"所指"是截然不同的两个阶段。作为一个整体中的两个阶段，它们之间的关系又分为以下几个层次：

1. 直接意指。这样的符号在形式上是空洞的，但是在意义上又是充实的。这种情况的先决条件是"能指"和"所指"之间的关系存在某些约定俗成的特性，比如一张照片，拍摄者直接把形象印在相纸上，照片所提供的是一个真实的理念。

2. 含蓄意指。是指某些形式上的意义在第一层次上建立以后，在第二层次上被淡化，但是又保留部分有价值的元素，以待被新的意义启动。

符号的真实含义就是存在于"能指"和"所指"之间的不断更替，而产生的新意义，从理论上讲，这种更替几乎是无限制的。

小知识

费尔迪南·德·索绪尔（1857年～1913年），瑞士语言学家、现代语言学的重要奠基者，也是结构主义的开创者之一，他被后人称为"现代语言学之父"、"结构主义的鼻祖"。其代表性著作《普通语言学教程》集中体现了他的基本语言学思想，对二十世纪的现代语言学研究产生了深远的影响。

第三篇
借你一双寻找美的眼睛——美学方法

毕达哥拉斯用数学原理证明了美的结构

结构指的是数据元素之间的整合关系，按照这种关系，结构分为四大类，即集合结构、线性结构、树形结构、图状结构。而解构的特征就在于它善于打破形而上学的思想传统，简言之，就是主张打破人类固有的创作习惯、接受习惯、思维习惯等。

毕达哥拉斯是古希腊著名的数学家，曾对黄金分割的规律提出过独到的见解。一次，毕达哥拉斯应邀到朋友家做客。这位习惯观察思考的人，竟然对主人家地面上一块块漂亮的正方形大理石方砖产生了浓厚的兴趣。他不仅仅是欣赏方砖图案的美丽，而是沉思于方砖和"数"之间的关系。他越想越兴奋，最后索性蹲到地上，拿出笔和尺进行计算。在四块方砖拼成的大正方上，均以每块方砖的对角线为边，画出一个新的正方形，他发现这个正方形的面积正好等于两块方砖的面积；他又以两块方砖组成的矩形对角线为边，画成一个更大的正方形，而这个正方形正好等于五块大理石的面积。于是，毕达哥拉斯根据自己的推算得出结果：直角三角形斜边的平方等于两条直角边的平方和。就这样，著名的"毕达哥拉斯定律"就这样产生了。

故事读到这里，如果你以为毕达哥拉斯只是一名出色的数学家的话，那么你显然小看了他。这位两千多年前的大人物同时还是一名伟大的哲学家，而"哲学"这个词也正是毕达哥拉斯首先使用的。

有一次，毕达哥拉斯与勒翁一同到竞技场里观看比赛，看到竞技场里各种身份的人，勒翁忽然想到一个问题，便问毕达哥拉斯："你是什么样的人呢？"

毕达哥拉斯回答说："我是哲学家。"

在希腊语中，哲学的意思就是爱智慧，而哲学家就是爱智慧的人。

勒翁又问道："为什么是爱智慧，而不是智慧呢？"

毕达哥拉斯回答他说："只有神才是智慧的，人最多只是爱智慧罢了。就像今天来到竞技场的这些人，有些是来做买卖赚钱的，有些是无所事事来闲逛的，而最好的是沉思的观众。这就如同生活中不少人为了卑微的欲望追求名利，而只有哲学家寻求真理一样。"从此之后，追求真理的人便有了一个名字——哲学家。

毕达哥拉斯用数学原理证明了美的结构

在语言学里，语言结构就是指把各种语言成分按照所要表达的意义而划分的一种模式，比如一个句子，可以按照句法、词形、语音、词汇等结构来分析它的层次。

结构具有整体性、转换性、自调性的特征，在一个由多种性质一致的元素构成的整体中，元素之间存在着不可分割的依赖性，这就是结构的整体性。转换性是指亚结构在不改变生成规则的前提下，有序地换成另外一种结构的现象。自调性指的是各种元素在其活动范围内任意组合的现象。

毕达哥拉斯

而解构的特征就在于它善于打破形而上学的思想传统，简言之，就是主张打破人类固有的创作习惯、接受习惯、思维习惯以及无意识的民族性格等。它在理论上就是打破原有的秩序，然后整理一个更为合理的秩序。

但是西方多数的学派并不支持解构学，他们认为这是无德，是叛逆，它破坏和攻击了形而上学的机制，从理论上来说，它就是一个被解剖以后无法复原的孩子。

解构学一直在学术界存在很大的争议和分歧，但是迄今为止，依然是当代哲学与文学批评理论里的一股主要力量。

小知识

李泽厚（1930年～），中国著名哲学家。他以"重实践、尚人化"的"客观性与社会性相统一"的美学观卓然成家，所写的《论语今读》、《世纪新梦》和《美学三书》等著作，对中国未来的社会建构给予沉甸甸的人文关怀。

第三篇
借你一双寻找美的眼睛——美学方法

雨果用浪漫的故事演绎悲剧的力量

以主人公与现实和社会之间不可调和的矛盾为线索,以悲惨的结局收场的戏剧作品叫悲剧。悲剧是戏剧的主要题材之一,它的意义在于正视现实并抨击现实。悲剧中的主角多是正义的、公正的,他们是人们心目中美的化身和理想的化身。

1801年,一位叫彼埃尔·莫的穷苦农民穿着一件破破烂烂的单衣蜷缩在墙角。商店里的食物五花八门,饥饿的他却连买一个馒头的钱都没有。在人来人往的大街上,没有一个人将目光投注到这个可怜的人身上。

走投无路的彼埃尔·莫站了起来,无助地在大街上徘徊,他仿佛看到死神正一步一步地向自己靠近。正在这时,前方的一家店铺里一笼热气腾腾的面包出笼了。黄澄澄的面包散发的诱人香味,一个劲地往饥寒交迫的彼埃尔·莫的鼻孔里钻。他再也忍不住了,按捺着扑通扑通跳的心,使出浑身力气,冲上前抓了一块面包就跑。

整个世界都安静下来,彼埃尔·莫再也听不见什么了,他慌乱地只知道往前跑。忽然,他被什么东西给绊倒了。趴在地上的彼埃尔·莫顾不得爬起来,连忙把手里的面包拼命往嘴里塞。正在这时,追着他一路跑的巡警出现了。他们不顾彼埃尔·莫的苦苦哀求,就把他扭送到了法官面前。彼埃尔·莫为自己辩护着,可是谁又会听呢?就这样,因为偷了一块面包,彼埃尔·莫被饱食终日的法官判了五年苦役。

刑满释放后,彼埃尔·莫持黄色身份证(意指带有前科、案底的假释证明)四处讨生活。本以为可以凭借自己踏踏实实的态度谋得一份工作养活自己,没想到他却处处碰壁,遭人鄙视与嫌弃,以至于最后穷困潦倒,死在街头。

这件事引起了大作家雨果的关注,使他产

法国伟大的浪漫主义作家维克多·雨果

生了同情怜悯之心，并萌生以此创作一部小说的想法。从1828年起，他就酝酿着写一个刑满出狱的苦役犯受圣徒式的主教感化而弃恶从善的故事。他把这个事件作为小说主角冉·阿让的角色设定蓝本，赋予冉·阿让终生遭到法律迫害的悲惨命运，并以此作为主要线索与内容，又以芳汀、珂赛特、泰纳第夫妇等其他社会下层人物的苦难作为补充，使人物形象、故事情节变得丰盈完整。正是雨果对这部作品倾注了真诚的人道主义同情，以及执著地追寻与体验，才诞生了这部伟大的巨著——《悲惨世界》。

故事中所体现的贫穷、饥饿和黑暗，就是当时社会的真实写照，而主人公冉·阿让的命运无疑是千万个受苦人当中的一个。

以主角与现实社会之间不可调和的矛盾为线索，以悲惨的结局收场的戏剧作品叫悲剧。悲剧是戏剧的主要题材之一。

美学家和戏剧理论家都曾多方地来寻找和确立悲剧的本质，悲剧中的人物所具有的欲望、情感、意志和能力都应来自于人类的本质。但是这种本质却在遭受着无尽的摧残和折磨，人类的理想和愿望在现实中无法生存和体现，使悲剧从结构上体现出历史必然的规律与现实之间不可逾越的屏障的效果。

悲剧的意义在于正视现实，抨击现实，悲剧中的主角多是正义的、公正的，他们是人们心目中美的化身、理想的化身。但是社会是不公正，甚至是惨绝人寰的，为了造成令人潸然的效果，主人公一方面要承受黑暗统治者的魔爪，另一方面还要承受来自自身的健康以及情感方面的压力。当这两种压力同时作用在主人公身上时，他的理想逐渐被摧残、被消耗，最后含恨而终。作者用剧中人悲惨的命运来揭示社会的阴暗，进而激起观众内心的愤怒，使之达到去伪存真的目的和效果。

按照亚里士多德的定义，悲剧是透过对一个真实历史背景的、严肃的、具有一个悲剧效果的情景的展示和演练，来引起怜悯与同情，进而使心灵得到一个净化和宣泄的过程。

悲剧的力量正在于透过主人公有限的生命来体现的人类精神的永恒价值。

小知识

布拉德雷(1846年～1924年)，英国哲学家、逻辑学家、新黑格尔主义的代表。他把英国的经验论传统与黑格尔的客观唯心主义结合起来，建立了一个庞大的唯心主义哲学体系。其代表作是《现象与实在》。

何满子用传说
传递喜剧的效果

　　以夸张的手法、诙谐的台词、滑稽搞笑的结构来达到令人捧腹效果的戏剧叫喜剧。它的整个过程充满了幽默和讽刺，它的结局通常是圆满的。喜剧分为讽刺喜剧、幽默喜剧、欢乐喜剧、正喜剧、荒诞喜剧与闹剧等。

　　在中国古典诗词中，产生了许多动人心弦、流传千载的名篇佳句，其中常用来形容感情极为悲痛和凄楚的诗句，莫过于"一声何满子，望君泪双流"这两句了。何满子既是人名，又是一个词牌名，关于这个词牌名，还有一个凄美的音乐故事。

　　故事发生在盛唐时期开元年间，有一个沧州籍歌女叫何满子，色艺俱佳，名满京城，不知何故触犯了刑律，被官府抓去，并判处了死刑。死刑在京城长安西的刑场上执行。

　　临刑前，监斩的官员问何满子最后还有没有什么要求。何满子说，她别无所求，只求监斩官大人允许她在告别人间之前，能够唱一首歌。

　　何满子不过是一个弱不禁风的歌女，大限已到，唱首歌，应造成不了什么严重后果，监斩官这样一想，就答应了她的请求。

　　面对死神即将来临的何满子，此时没有了对死亡的恐惧，而是沉浸在极度的悲愤之中。她将满腔悲愤化作了幽怨的歌声，像泉水一样，从坚硬的岩石缝隙里喷涌而出，强烈地控诉着人间的罪恶、世道的不平，倾诉着自己所蒙受的不白之冤。歌声催人泪下，令人肝肠寸断，天地为之动容，日月为之黯然。

　　一曲歌罢，正当刽子手举起了明晃晃的屠刀，顷刻间何满子就即将身首异处的关键时刻，突然传来一声大呼："圣旨到，刀下留人！"

　　原来，当何满子临刑而歌的时候，恰巧被路过的一个宫人听到，他被那凄婉的歌声深深打动，认为这样色艺超群的人才，被杀了太可惜，便快马疾驰入宫，奏告唐明皇李隆基，恳求皇上格外开恩，赦免何满子。何满子就这样因为一首歌，挽救了自己的性命。

　　唐明皇李隆基是一个酷爱歌舞戏曲的皇帝，很有音乐天赋，自己谱曲、编舞，亲自演奏，是一个全才的艺术家。当时规模庞大的宫廷乐舞机构"梨园"，就是他一手创建的。这样的艺术家，听说有何满子如此艺术奇才，当然不舍得杀掉，于是，何满子就被赦免,并得到了重用。

事后不久,就有艺术家把何满子在刑场上唱的那首歌加以整理,以何满子的名字为其命名,这就是《何满子》的来历。此后,这首歌便成了悲歌的代名词。唐代大诗人白居易为此在诗中写道:"世传满子是人名,临就刑时曲始成。一曲四词歌八迭,从头便是断肠声。"

以何满子的故事为题材的诗作还有很多,唐代另一个诗人张祜,也写一首诗《何满子》:"故国三千里,深宫二十年,一声何满子,望君泪双流。"传说众多青楼妓院的歌女们,读到这首诗后,纷纷悲叹自己与何满子同是天涯沦落人,为此潸然泪下,并到处传唱,使这首曲子成为流行天下的名曲。

以夸张的手法、诙谐的台词、滑稽搞笑的结构,来达到令人捧腹的效果的戏剧叫喜剧。它的整个过程充满了幽默和讽刺,它的结局通常是圆满的。

喜剧的表达方式最早出现在古希腊神话,每当收获的季节,人们通常会载歌载舞、尽情狂欢,喜剧便由此产生。艺术家们往往会通过细致的观察,以独特的视角让这些事物在自己的作品中重现,为了更加突出喜剧所要表达的效果,剧中人往往扮相乖张,表情丰富,配合一些无关利害的丑陋的行为和动作,来表达生活中的善、恶。

生活中的善、恶、美、丑的元素是多样化的,根据艺术家们观察的角度的不同,其表现形式也是不同的,因此也就有了讽刺喜剧、幽默喜剧、欢乐喜剧、正喜剧、荒诞喜剧与闹剧等。

日常生活中,通常会有一些被社会环境和人为观念所制约的事物,讽刺喜剧常以这样的事物为对象,通过剧中人物令人忍俊不禁的滑稽表演来揭露事物的本质。比如英国著名的喜剧大师卓别林所塑造的那些人物形象,所表达的就是对下层劳动者的深切同情和对现实社会的种种弊端进行的辛辣讽刺。

与讽刺喜剧相反,欢乐戏剧则是强调人的价值,尽可能用夸张的手法张扬人物个性,使其性格特征更为突出的一个形式。通过喜剧所表现的个性解放、思想解放在欧洲文艺复兴时期逐渐形成一个强大的主旋律。欢乐喜剧从正面肯定人的价值,笑容的背后都是对美德、才智、信心的赞美和歌颂。

相对于讽刺喜剧和欢乐喜剧来说,闹剧只是利用一些粗俗和笨拙的动作,来达到引人发笑的效果。它没有切实的所指,看过之后既不会引起人们的反思,也不会对人的思想意识产生任何积极的作用。

第三篇

借你一双寻找美的眼睛——美学方法

缺口的餐具
表现了分延与美的关系

"分延"是德里达的"消解哲学"中的一个词语,它是用来解释结构主义与后结构主义文化分野的一个概念,分延包含着区分和延搁两种意思。结构主义与后结构主义之间的蜕变所反映的恰恰是人类渴望接触禁锢、从思维到思想上进行一次彻底创新的愿望。

吃饭的时候,妈妈总是叫安娜来帮忙摆餐具,家里有一套很精致的餐具,妈妈也从不吝惜,所以那套餐具因为经常使用已经有了小小的缺口。

一次,安娜又在收拾餐具,准备吃饭。这时邻居阿姨推门进来了,她看到安娜正在摆放餐具,随口说:"你家今天有客人来吗?"

"没有啊。"听见邻居阿姨说话,妈妈出来回答。

"在我家,这样的餐具只在过节或者是有贵客来的时候才用的,如果平时常用的话,那些好餐具早就被碰的到处是缺口了。"

"做好了菜,放在好看的餐具里,吃饭也有胃口不是吗?我家的餐具也有缺口,可是每个缺口都有一个故事,有时候看着它们,就会想起那些故事。"妈妈说着就笑了。

接着妈妈拿起一个有缺口的盘子说:"你看这盘子上的缺口,还是我没结婚那年碰的。那年的秋天,家里找人帮忙收稻谷,我爸爸找来了一个高个子青年,他很帅,工作起来连汗也顾不得擦。在挑起干草,往草堆上掷的时候,毫不费力,我递给他毛巾擦汗,他还有点不好意思。做完工作,按照事先说好的,他来家里吃饭。大家都入座了,碰巧我坐他旁边,可想而知,整顿饭我都没心思吃,总觉得他在看我,我也不敢抬头。吃过饭,我收拾餐具的时候,你们猜发生了什么?我因为太慌张,在叠餐具的时候,竟把餐具碰了一个缺口,大家都看我,我更窘迫了。"

妈妈说话间露出满脸的温柔:"现在你们知道了吧!那个高个子年轻人就是你们的爸爸。"

"还有这个盘子,在它的裂痕上面还用胶水黏过,这是我小儿子的杰作。那时候他很小,非要帮我做家务,可是地板太滑,他穿着我的大拖鞋,不小心摔倒了,儿子没哭,不过盘子却摔出了一个裂痕。我用胶水黏上了,可是你看,胶水黏得不结实,后来又想了一些别的办法,但是依然不管用。所以这个盘子就一直放在这里,没有再用过。"

说起餐具,每个都有一段故事,听妈妈讲那些故事,就好像在回忆一个个生动有趣的电影。后来安娜长大了,妈妈问她要不要一条翡翠项链时,安娜说:"把那些都给妹妹吧!我要从一个平凡的女子做起,用年轻的生命来串联我每一个值得纪念的瞬间,那才是弥足珍贵的。"

"分延"是德里达的"消解哲学"中的一个词语,它是用来解释结构主义与后结构主义文化分野的一个概念,分延包含着区分和延搁两种意思。

从理论上讲,结构主义与后结构主义同属于人们对现实世界的认识,只不过这两种认识是有区别的。认识这两种结构之间的差异是非常重要的,但是要想区分,却并不是那么简单,因为这二者之间的界限并不清晰分明。在日常生活中,因为封闭的结构思维而产生行为思想封闭的事情也是常有的,所以要想超越封闭的结构,就需要不断学习、不断认识和解构那些早就习惯了的行为和思维模式,提高自己的价值观和世界观。简而言之,也就是提倡人们以多元化的角度来认知世界,承认事物之间的层次和差异,并且以正常的心态接受它,尊重和包容异己。

消解的过程是使那些习以为常并且很有规律性的结构变得面目全非,就像把一个完整的人消解得支离破碎,这仿佛是不能容忍的。而结构主义与后结构主义之间的蜕变,所反映的恰恰是人类渴望接触禁锢、从思维到思想上进行一次彻底创新的愿望。

在当代,涌现出了诸如上帝之死、作者之死、人之死亡的说法,不再沿袭旧的思维规律。人们将要透过消解和解构的方式,嬗变成为一个新人、一个真正的人,这也便是当今人类内心世界最强烈的呼声和愿望。

小知识

雅克·德里达(1930年~2004年),法国哲学家、符号学家、文艺理论家和美学家,解构主义思潮创始人。1967年,他连续发表了《书写与差异》、《论文字学》和《声音与现象》,进而奠定了他解构主义思想的基础。此外,他还著有《人文科学话语中的结构、符号和游戏》和《署名活动的语境》等。

音乐的魔力与完美自我的关系

我,含有多种心理层次,包含本我、自我和超我。这三个层次是以兽性、人性、神性三个精神道德层次来划分的。

在治疗精神疾患时,针对某些精神疾病患者,常常采取一些辅助性的音乐治疗。对病下"乐"是音乐专科医生必须掌握的本领,其原理就是根据病人的实际情况,选择适合的音乐作品,播放给患者欣赏,达到辅助治疗的效果。

音乐治病的事例并不鲜见,著名的大哲学家尼采,有一次患上了一种莫名其妙的疾病。偶然中他欣赏了比才著名的歌剧《卡门》,结果竟然病意全消。这令尼采高兴万分,他在给友人的信中忍不住表达自己对这部歌剧的赞誉之情:"近来身体不适,直到听了几遍比才的《卡门》,竟不治而愈,我非常感谢这奇妙的音乐。"

至于音乐杀人的故事,也并非没有,著名的案例就是"国际音乐奇案"。因为听了一首曲子而自杀的事件,虽然让人觉得不可思议,但却是真真切切发生了。

某天夜里,在比利时一个酒吧,人们一边饮着美酒一边欣赏着美妙的乐曲。当乐队演奏完一首管弦乐曲《黑色的星期天》时,人们突然听到一声撕心裂肺的大叫:"我再也受不了啦!"这叫声来自一名匈牙利青年,只见他猛喝下杯中酒,迅速掏出手枪,没等众人反应过来,就朝自己的太阳穴开了一枪。随着"砰"的一声枪响,这名青年应声倒在了地上。

一位女警官接手了这个案子,她经过多方调查,费尽了周折,也没有查出头绪。后来,在她还原当时的场景时,开始播放当时乐队演奏的乐曲,当她听完《黑色的星期天》,心里突然有一种不祥的预感,于是她又反复地听了两遍。后来,人们在她的办公室发现了她的尸体,她也自杀身亡。在她的办公桌上,赫然放着她留给局长的遗言:"局长先生,我受理的这个案件不用再查了,凶手就是《黑色的星期天》这首曲子。每个人听到这首曲子,都会无法忍受它那悲伤的旋律,我也不例外,只好告别人世来拒绝那无尽的悲伤。"

这首《黑色的星期天》是法国作曲家查尔斯创作的,因为很多人听了这首曲子而自杀,一时间被人们称为"魔鬼的邀请书",也因此被政府禁止演出长达十三年之久。至于作曲家为什么会创作这首曲子、创作的动机是什么,众多的精神分析学家和心理学家经过长时间研究,仍然莫衷一是,无法给出圆满的答案。

后来,经过多方努力,这首杀人的乐曲被彻底销毁。作曲家查尔斯为此感到非常内疚,他在临终前,写下这样忏悔的遗言:"无法想象,这首乐曲会给人们带来这么多的痛苦和灾难,让上帝在另一个世界,惩罚我如此罪恶的灵魂吧!"

我,含有多种心理层次,按照弗洛伊德的论述,包含本我、自我和超我。这三个层次是以兽性、人性、神性三个精神道德层次来划分的,就像一个人生下来,本质上带有野蛮的一面,但野蛮的本性也不是绝对的,是可以感化和转变的。所以,经过后天的文化修养和道德约束,就使人又拥有了自我和超我的一面。

本我代表着本能的意识,代表着所有的驱动能量,本我在发挥作用时,所呈现出来的是一种渴望释放和寻求发泄的状态。就像一个孩子,想得到的东西,会表现出不顾一切歇斯底里的样子,没有理性、没有思考,甚至没有任何的逻辑性可言,是一种直观行为的表现。

与本我相对立的是超我,超我具有理性的特征,是本我在道德水平上的进化。当遇到违反道德理念的事情时,会表现出反感、厌恶和自责,这是一种人格上追求完美的表现。

本我所追求的是一种忘记道德规范的愉悦,超我所追求的是一种以道德规范为基础,又高高跃居至上的完美,这两种状态或多或少都有些偏离现实的思维范畴。而自我所追求的正是居于二者之间的现实形态,自我在追求和渴望满足的时候,会依照现实做依据。从理论上来说,本我实现目的的做法有些荒诞,自我实现目的的做法依靠的则是理性的思维。

自我是理性的,是有思维逻辑的,它能够分清什么是幻想,什么是理想,如果选定了方向,就会很周到地考虑困难和阻力,而不是靠侥幸来过关。

小知识

宗白华(1897年~1986年),中国哲学家、美学家、诗人,被誉为"融贯中西艺术理论的一代美学大师"。他把中国体验美学推向了极致,后人很难再出其右。其著作有《美学散步》和《艺境》等。

桑塔纳的成功
展示了美育的力量

　　审美教育,从理论上说,就是制订一个含有道德情操标准的形象,经由运用艺术手段,使人们提高气质修养和道德理念的一种教育行为。所谓的艺术手段,是指从大自然、社会以及神话故事中提取的那些极富美学价值的东西。

　　出生于墨西哥的桑塔纳,七岁的时候便随父母移居到了美国。由于墨西哥人以说西班牙语为主,导致桑塔纳的英语水平太差,在美国以英语为主的学校里,学习起来很吃力,功课一团糟。

　　小桑塔纳糟糕的学习成绩,自然会引起老师们的注意。

　　有一天,他的美术老师克努森趁下课的时候,把他叫到办公室,对他说:"桑塔纳,我仔细察看了一下你来美国以后各科的成绩,除了少数'及格',大多都是'不及格',这成绩简直糟糕透了。我是你的美术老师,唯独你的美术成绩有很多'优',看得出来,你有艺术的天分,不仅绘画不错,而且还应该是个音乐天才。"

　　克努森老师顿了顿,看了一眼桑塔纳,接着意味深长地说:"如果你立志想成为一名艺术家,那么我可以帮助你,带你到旧金山美术学院去参观参观,看一看那里的艺术家们是怎样作画的。通过对他们的观察,你就能知道你所面临的是什么样的挑战了。"

　　没过几天,克努森老师果真把全班同学召集起来,把他们带到旧金山美术学院进行参观学习。桑塔纳这才深切地感受到自己与真正的艺术家之间巨大的差距。

太阳神阿波罗和缪斯女神

参观过程中，克努森老师语重心长地对他说："不能专心致志、没有进取心、不求上进的人，根本进不了这神圣的艺术殿堂。你必须拿出超乎常人的努力，才能取得最后的成功。不管你做什么事情，或者你想做什么事情，都要这样，这是不二的选择。"

克努森老师的这一席话，对桑塔纳产生了非常深刻的影响。桑塔纳把老师的这段话作为自己的座右铭，至今铭记在心。

进入新世纪的2000年，桑塔纳凭借自己的专辑《超自然》，一举赢得了八项格莱美音乐大奖。

审美教育，从理论上说，就是制订一个含有道德情操标准的形象，经由运用艺术手段，使人们提高气质修养和道德理念的一种教育行为。所谓的艺术手段，是指从大自然、社会以及神话故事中提取的那些极富美学价值的东西。

西方的教育方式有缪斯教育和体育教育两种：缪斯是神话故事中的文化女神，所代表的是整体的文化艺术修养，而体育教育注重的则是身体内在的健康和外在的优美。除了这两种美学教育以外，还有雄辩术，雄辩术锻炼的是人们的语言表达能力，也称为语言艺术，由此看出，西方的美学教育是追求全方位的。

中世纪的欧洲所选用的教育素材是教堂建筑、教堂音乐、圣像画、宗教雕塑等。文艺复兴以后，随着审美角度的改变，培育完美人才成为美学教育的新课题，进而也就有了智育、美育、德育、体育方面的教育。

美学教育过程中，音乐和绘画对于儿童美育的启发和诱导是最明显的，这是一种通过快乐的游戏来达到教育目的一个方式。十八世纪初，卢梭还提出了自然教育的新观点。自然教育主张利用触觉，感受和感悟美的存在，极力反对墨守成规的理性教育方式。十八世纪末，在德国掀起的反对封建束缚、主张个性解放的狂飙文化运动中，歌德和席勒也都反对美学教育的枯燥理性化，而大力推崇美学教育的感性化。

美学教育的最终目的，是净化心灵；而心灵美的高境界，就是理性和感性两种审美观的完美结合。

小知识

列夫·尼古拉耶维奇·托尔斯泰（1828年～1910年），俄国作家、思想家，被称颂为具有"最清醒的现实主义"的"天才艺术家"。从1863年起，他先后创作了长篇小说《战争与和平》、《安娜·卡列尼娜》和《复活》等作品。在美学上，他认为凡是使人感到惬意而不引起欲望的就是"美"，主要美学著作有《艺术论》等。

孟子晋见魏惠王
表现了审美中的完美人格

完美人格是需通过审美教育来实现的,在审美教育过程中,最重要的建造一个完美的心理结构,这就是审美心理。审美心理指的是人在认知审美对象的时候,所产生的由感知到体验的过程中,体会到的一种愉快和兴奋的感觉。

孟子是战国时期鲁国人,历史上著名的思想家、教育家,是儒家思想的代表人物。

有一次,他去见魏惠王,到了那里,魏惠王张口即问:"先生,千里迢迢来到此地,肯定要给我的国家带来什么有利的好事。"

"您为什么一开口就只关心功利呢?难道你不觉得仁义比功利更重要吗?"孟子质问道。

"可是我在这个位置上,就不能不关心国家社稷。"

"那就更应该懂得仁义道德。想想看,如果一个国家的君王抱着功利的思想,那么上行下效,他的大臣们就会只关心自己的官位或者是钱财,连百姓也都会只关心自己的私利,于是千方百计从别人那里谋取钱财,满足自己的私欲,而整个社会就充满了抢夺杀戮。这样,国家迟早会走向灭亡。"

孟子故居

魏惠王不太理解孟子的话,便带孟子来到后园,在一个池塘前,他跟孟子说:"你看这鱼池多么漂亮,一个只知道仁义的人,能够享受到这样的快乐吗?"

孟子说:"你错了,其实只有贤德仁义的人才会享受到这样的快乐,而一个只重功利的人,即便是有这样的景色,也感受不到其中的快乐。"

"这是为什么呢?"魏惠王不解地问道。

"原因很简单,《诗经》里曾经说,一个君主要建一座露台,于是百姓忙着测量、建造、想尽快完工。可是君主说'不要着急',他的话不仅没有让百姓放慢速度,反

孟子晋见魏惠王表现了审美中的完美人格

而更加卖力了,并且工地上充满了欢声笑语。后来,露台建成了,每当君王来到此地,便能看到鱼儿在水里欢游,看到麋鹿在悠闲地吃草,百姓们都欢乐无比,这是多么快乐的事情。"

孟子的话让魏惠王频频点头,他接着说:"商汤时期,百姓怨声载道,他们宁愿与夏桀一起灭亡,可见他们的怨恨到了什么程度,而夏桀即便是拥有高台美榭、飞禽走兽,又有什么快乐可言呢?"

在长期的历史发展过程中,人类既创造了大量的物质文明,同时也建构了自身的心理文明。心理文明就是心理结构,它是塑造完美人格的首要条件。

完美人格是需通过审美教育来实现的,在审美教育过程中,最重要的是建造一个完美的心理结构,这就是审美心理。审美心理指的是人在认知审美对象的时候,所产生由感知到体验的过程中,体会到的一种愉快和兴奋的感觉。

审美心理活动能够反映人类在审美活动中,一系列的感知、感情存在于心理内部的构造形式。它最初是从对象的形象上开始的,首先由感官确定事物的本质,然后上升到感情的范围。任何审美活动都离不开感知这个层面,而审美感知又带有浓重的感情色彩,这种感情色彩是审美心理的升华,是审美心理构造的先驱。

所有美的感知都来自于情感,情感是审美的准则和动力,它与理性完美地糅合在一起,达到动力与主导相结合。理性能够正确的引导情感,情感能够使审美活动深刻化。

在审美活动中,情感作为审美环节的枢纽,能够最大化感知事物所反映的本质。它自身所存在着较大的能动性、自由性、创造性,给了审美活动最大的空间和充分的自由。从情感的基础上去理解和观察事物的本质,能够以主、客观交流的方式,来达到愉快的审美体验的过程。

小知识

维萨里昂·格里戈里耶维奇·别林斯基(1811年~1848年),俄国革命民主主义者、哲学家、文学评论家。他首次系统地总结了俄国文学发展的历史,科学地阐述了艺术创作的规律,提出了一系列重要的文学和美学见解,成为俄国文学批评与文学理论的奠基人。他的文学评论与美学思想在俄国文学史上起过巨大的作用,推动了俄国现实主义文学的进一步发展,对车尔尼雪夫斯基、杜勃罗留波夫美学观念的形成有直接的影响。其代表作品是《亚历山大·普希金作品集》。

第三篇
借你一双寻找美的眼睛——美学方法

弹奏一弦嵇琴
激发出人们审美欣赏的雅兴

审美过程就是一个感受、体验、评判和再创造的心理体验过程。审美的过程从客体的外观形象开始的,外在形象引发直觉,依直觉开始进入分析、判断、体验、联想、想象等阶段,最后达到主客体感情上的融合和统一。

沈括在《梦溪笔谈》中,记载了一个有趣的故事:

宋代熙宁年间,有一次,宋神宗举行了一次宫廷宴会。为了给宴会助兴,他命令宫廷乐工徐衍为大家演奏嵇琴。

嵇琴,就是二胡的前身,原理是用竹片夹在两条弦之间,由琴手进行弹琴演奏。宴会进行到高潮,乐工徐衍把一张嵇琴弹得出神入化,旋律优美,婉转动听,宾客们在美妙的琴声中如醉如痴。

正在这美妙时刻,突然"砰"的一声,徐衍手里的嵇琴竟然断了一根弦。这可吓坏了在他身旁的其他乐工们,演奏时嵇琴断弦本来就是非常扫兴的事,何况在这么重大的场合里,足以构成了杀头的罪。

怎么办呢?乐工们急如热锅上的蚂蚁,瞪大两眼纷纷盯着徐衍。再看徐衍,他好像早已胸有成竹,似乎故意让琴弦断了一样,神色自如,仪态潇洒地继续弹奏着,根本听不出任何一点瑕疵和变化。乐工们仔细一看才发现,徐衍仅用一根弦在熟练地演奏着。而宋神宗和大臣们根本没有弄清砰的一声是什么声音,更不知道徐衍在弹的是一根弦。

每一个熟悉嵇琴的乐工们心里都非常清楚,要把嵇琴上两根弦的音调全部转换集中到一根弦上进行弹奏,除了需要琴手临时应急处理的较高修养,而且还必须具有高超的演奏技巧,其难度可想而知。

直到全曲终了,徐衍弹奏完毕起立致谢时,宋神宗和群臣们才发现,原来徐衍演奏的是一根弦的嵇琴。他们压根就不知道还有断弦这码子事,倒是感觉徐衍这次演奏,音色统一和谐,音调婉转悠扬,别具一格,动人心弦。宋神宗和群臣露出了满意的微笑,并对徐衍进行了奖赏。而那些了解真相的乐工们,更是对徐衍镇定自若、急中生智的大家风范,称赞不已。

从此,人们开始盛传徐衍精彩绝伦的一弦奏曲传说,并且给演奏独弦嵇琴的方式,取了个特定的称谓——"一弦嵇琴格"。

审美过程就是一个感受、体验、评判和再创造的心理体验过程。审美的过程从客体的外观形象开始的,外在形象引发直觉,依直觉开始进入分析、判断、体验、联想、想象等阶段,最后达到主客体感情上的融合和统一。与普通的认识不同的是,审美过程的主导思想和主要依赖的是形象思维。

审美过程应当有着丰富精神内涵,要达到这个效果,应当具备以下几点:

1. 应根据此次活动的特点,确定审美过程中的注意事项。首先要端正审美态度,要具备一定的心理素质和美学修养。然后在审美活动中,要积极发挥形象思维,展开生动丰富的想象。一件成功的艺术作品,本身就是艺术家联想和创造的产物,所以欣赏者也应该从自身的角度,用心、用灵魂去揣摩和领悟艺术家所要表达的艺术内涵。

嵇琴

2. 在审美过程中,要善于运用欣赏者自身的真情实感。艺术作品本身是一件富含感情的东西,艺术家通过作品表达的通常都是一段至深的情感,欣赏者只有把自己的情感也发动起来,使其融入到作品中去,才能够形成内外共鸣,从而达到审美的效果。

3. 用客观的思维来看待作品,用正确的理论来解读作品。一件艺术作品带给人的不单单是视觉上的享受,还附有更深的思想价值。

4. 要对作品进行反复的回味与咀嚼,从实际上完成感受、体验、评判和再创造的完善的审美过程。

小知识

赫拉克利特(约公元前530年~公元前470年),著有《论自然》一书,内容有"论万物"、"论政治"和"论神灵"三部分,但很多已经散佚。其理论以毕达哥拉斯派为基础,他借用毕达哥拉斯"和谐"的概念,认为在对立与冲突的背后有某种程度的和谐,而协调本身并不是引人注目的。

借你一双寻找美的眼睛——美学方法

观画医病体现了审美愉悦

审美愉悦有两个环境层次和三个感官层次,环境层次指的是意象与意境,感官层次指的是感觉、知觉、精神。艺术作品中所体现的声情并茂、情景交融的场景叫做意象,意象是一种表象,能够直观的引发人们对作品的审美感觉。

"两情若是长久时,又岂在朝朝暮暮!"能够写出这样凄婉绵邈的文人,我们不难想象是何等的风流倜傥,他就是北宋诗词婉约派的代表人物秦观。秦观生性豪爽、洒脱不拘,年少时就在文坛上崭露头角,长大后更是博得苏轼赏识,但由于和当权者政见不和,一生屡遭贬谪。有一年,秦观又被贬至河南汝阳县,由于水土不服再加上心情郁闷,患上了肠胃病,久治不愈。一天,有个高姓好友拿了一幅王维的山水画《辋川图》给他看,并说:"看了这幅画,你的病就会好,我曾用它治好过几个病人!"秦观很奇怪,画怎能治病呢? 然而,朋友一番好意,他也不好拒绝,心想不妨试一试。

提起王维,稍有点历史知识的人都知道,此人能诗善画,是唐代大诗人、大画家,也是中国文艺史上最早以"诗中有画,画中有诗"著称于世的。据史料记载,这幅赫赫有名的山水画《辋川图》就是王维晚年退隐西安蓝田辋川时,在清源寺里完成的。图绘群山环抱中的别墅,由墙廊围绕,形似车辋。其中树木掩映,亭台楼榭,层叠端庄。构图上采用中国画传统的散点透视法,略向下俯视,使层层深入的屋舍完全地呈现在观者眼前。墅外河流蜿蜒流淌,有小舟载客而至,意境淡泊,悠然超尘。勾线劲爽坚挺,一丝不苟,随类敷彩,浓烈鲜明。画中的山石以线勾廓,染赭色后在石面受光处罩以石青、石绿,凝重艳丽。楼阁则刻画精细。画面洋溢着盛唐绘画独具的端庄华丽,使唐人意念中的世外桃源跃然纸上,体现了躬耕自给却又略带奢华的景象。

唐代王维的《辋川图》,现收藏于日本的圣福寺

观画医病体现了审美愉悦

秦观这样的书画大家自然对这幅作品赞赏有加,于是干脆病卧在床,什么也不做,只是每天细细观画。时间一久,每当他看到这幅山明水秀的图画时,就好像自己已经离开了病床,一步步走进了那迷人优雅的画中境界,呼吸着山谷中自然清新的空气,聆听着森林深处传来的阵阵虫鸣鸟语,真是好不惬意。经过一段时间"画中游览"后,奇迹发生了,秦观久治不愈的肠胃病竟然真的痊愈了!

秦观异常高兴,邀请来朋友询问个中原因,朋友说:"你患病久了,心情自然不快,哪有精力对抗疾病?我给你这幅画,就是让你忘却病痛,振奋心情,这样一来,身体当然恢复得快了。"

一件富含美学价值的作品,会给人们内心世界带来一种愉快的感受,这种感觉就是审美愉悦。

审美愉悦有两个环境层次和三个感官层次,环境层次指的是意象与意境,感官层次指的是感觉、知觉、精神。

艺术作品中所体现的声情并茂、情景交融的场景叫做意象,意象是一种表象,能够直观地引发人们对作品的审美感觉。

意境指的是作品的内里内涵,如生活感悟、生命感悟以及艺术家对历史和社会的感悟等。它蕴藏于作品之中,需要人们用丰富的知识和独到的视角去观察领悟。意境是一件作品的真正价值所在,这种价值能够带来精神上升华和心灵上的洗涤,这种欢愉带有一种思想上的凯旋和解脱的审美本质。

感觉层次中,最底层的是生理上的满足状态和社会大众性的愉悦状态,这种状态带有极大的感性成分。中间层次指的是主观上能够欣赏艺术作品的同时,还能够渗透它所表达出来的观念和价值。最高层次的审美,指的是主客体能够情景交融,在作品和自己之间找到一个共容点,做到精神上的内外合一,道德上的崇高和超脱。

意境的美所包含的往往是来自历史、人生以及社会等诸多方面的喜、怒、哀、乐,作品本身的悲愁是无法抵挡的,它同样会给主体的精神境界带来些许的惆怅和压抑。

小知识

恩斯特·卡西尔(1874年~1945年),德国哲学家、美学家。在美学上,他的符号论思想为符号论美学奠定了基础。其理论后来被美国哲学家、美学家苏珊·朗格所发挥,进而形成了二十世纪较有影响的一个美学流派——象征符号美学。其主要著作有《自由与形式》、《康德的生平与学说》和《符号形式哲学》等。

第三篇
借你一双寻找美的眼睛——美学方法

买跛脚小狗是审美超越的表现

审美超越真正所体现的是打破制约性的思维,而将灵魂置于一个无拘无碍、自足而自然的状态。

因为一次车祸,使杰米成为一个跛足的孩子。动过手术的他再也不能像其他小朋友一样满大街跑着玩耍了,只能待在家里喂喂小鸡,然后看着夕阳发呆。

为了让他开心,妈妈决定带他到宠物市场转转,那里有很多种小动物,或许能让他忘记自己的跛足。

有几只小狗被放在一个大笼子里待售,狗脖子上都挂着一个小牌子,上面标有价格,五十到八十美元不等。

杰米看着那些可爱的小狗,眼睛里露出一丝渴望,妈妈知道他是很喜欢小狗的。过了一会儿,老板也看出来了,就问他:"你想要哪只小狗呀?"

杰米很怯弱地跟老板说:"我这里只有十美元。"

"这样吧!我这里有一只脚有点毛病的小狗,不好卖,就送给你吧!"说着,他打了一个响指,那边一瘸一拐地跑出来一只灰色的小狗。小狗看见主人,就亲切地上前摩擦亲吻。

杰米一眼就看上了这只小狗,他说:"我不要你白送,这只狗跟其他狗一样,是有价值的,我现在凑不够买狗的钱,不过我凑够了一定会还给你的。"

老板纳闷了:"你本来就没钱,可是为什么又要花与好狗一样的钱买一只残疾狗呢?"

"因为我的脚也是有残疾,我跑不快,它也跑不快,它正好跟我做伴。"

孩子的心地总是最纯洁的,在他们眼里,只要拥有一颗健康的心,那么就没有什么是残疾的了。

审美超越使人们认识到人与世界之间的主客对立关系,把世界上存在的物体看做是对象,简称对象物。

对象物与人之间的关系有两种,一种是作为主体的人类消磨、压制、瓦解客体对象物。这就如同生命的活动,一直以消耗世界现存的物质为主要形式存在的。世界上存在的客体物质被主体所分解、改变、吞噬,或者让客体能够遵从自己的意愿,以另外一种形态展现出来。主体能够在这样的活动中完全展示和实施自己的力量,主体相对于客体来说,是自由的、是主动的,客体则是不自由的、被动的,主体的自由就是建立在限制客体自由的前提上的,这种关系是以客体拒绝主体的状态存在的。

另一种存在形式是来自于自由本身对主体所表现出的束缚性,这里的自由指的是主、客体之间的相互相关性。当客体受到主体的压制时,客体因为压制的原因,不能解脱,但是主体同样不能解脱或者是释放,尽管主体并没有受到客体的任何牵制。这就如同人和音乐,你可以任意改变它,但是又会受制于它,客体被主体约束的同时,主体也被客体霸占,这就是征服者的自由,这种自由同时也是一种束缚。

审美活动可以超越时间的限制,无论生活在哪个时代的人,他说的道德修养和艺术情操都会带有明显的时代痕迹。但是在审美实践中,时间不再是单调的,而是横向纵向随意变换的,可以从古至今聚拢,也可以从今往古追溯。

审美超越真正所体现的是打破制约性的思维,而将灵魂置之于一个无拘无碍,自足而自然的状态。

小知识

弗里德里希·威廉·尼采(1844年～1900年),德国著名哲学家、西方现代哲学的开创者,同时也是卓越的诗人和散文家。其著作有《悲剧的诞生》、《不合时宜的思考》、《查拉图斯特拉如是说》和《尼采反驳瓦格纳》等。

第三篇
借你一双寻找美的眼睛——美学方法

巴尔扎克惜时如命
是审美趣味所致

审美结构有三个组成部分,审美态度、审美趣味和审美感兴。审美感兴是整个审美过程的总称,它所包含的既有心理的审美过程,又有情感上的审美过程,是审美认知和审美情感的综合体现。

巴尔扎克是法国伟大的作家,他把自己的生命都奉献给了写作事业,他一生几乎都是在案桌前度过的。在他眼里,没有比写作更重要的事情了,为了写作,他可以不吃饭不睡觉,可以放弃一切应酬。

有一次,一个朋友来找他,当时他正在创作一部小说。那些故事情节都已经非常成熟,昏暗的灯光挡不住哗哗流淌的思维,他越写越上瘾,不觉之间一夜已经过去。破晓时分,当阳光洒进他的书房的时候,他才发现已经是第二天早上了。

写了一夜小说的巴尔扎克感觉非常疲倦,他站起身正想休息一会儿,这时朋友推门而入。他跟朋友交代了一下说:"我很累,想睡一会儿,一小时以后你记得叫醒我,记住,就一小时。"

朋友点点头,巴尔扎克就去睡觉了。

爬上床的巴尔扎克几乎不到一分钟就鼾声大作,在一旁等候的朋友心想,这个巴尔扎克,为了写作简直连命都不要了,要是再不好好休息,恐怕得累死在写字台上。

朋友这样想着,就更不忍心打扰他那难得的睡眠了。

钟摆滴答,一个小时过去了,两个小时过去了……巴尔扎克终于从睡梦中醒来。他揉了揉双眼,一看表,发现自己竟然睡了两个多小时,立刻下床,一边大步走向桌案,一边气愤地朝朋友嚷道:"你怎么不叫我呢?好好的时间全都耽误了。"

朋友面露愧色,想要解释,可是巴尔扎克根本无暇听朋友的解释,他趴到桌子上又开始了写作。

被数落了一顿的朋友,看到巴尔扎克的表现简直有些哭笑不得,他看着巴尔扎克奋笔疾书的背影,不由得摇摇头说:"真是个勤奋的人,把时间看得比命都珍贵。"

审美结构有三个组成部分:审美态度、审美趣味和审美感兴。审美态度指的是针对审美形态的一个态度,一个人所能够接受的审美形态越多,他的审美广度就越大。审美趣味是审美者本身的理想、爱好、标准的整体心理素质,这个心理素质决定着艺术品价值的取向。审美感兴是整个审美过程的总称,它所包含的既有心理的审美过程,又有情感上的审美过程,是审美认知和审美情感的综合体现。

有一项针对青少年审美认知的研究表明,它的发展有三个倾向性:从具体到抽象,从题材到形式,从形式刺激到形式表现。

这里所说的具体到抽象,指的是人们在初认识一件事物的时候,对它的印象是真实具体的,然后再根据自己的喜好进行修剪和增补,让它达到自己内心所想象的形象,进而创造出基于真实而又超然于真实的不朽之作。

从题材到形式,指的是青少年在欣赏一件作品的时候,首先关注的是它的题材,没有题材便没有方向,也就无法理解作品的含意。

巴尔扎克像

从形式刺激到形式表现,指的是他们在观察一件作品时,最先感觉到的是作品本身给他带来的一种感受,当欣赏者本人能够接受并认可作品以后,再以这样的形式进行艺术创作。

小知识

克莱夫·贝尔(1881年~1964年),英国形式主义美学家,当代西方形式主义艺术的理论代言人。他最著名的美学命题是认为美是一种"有意味的形式"。其主要著作有《艺术》、《自塞尚以来的绘画》、《法国绘画简介》、《十九世纪绘画的里程碑》和《欣赏绘画》等,其中《艺术》一书集中体现了他的形式主义理论。

第三篇
借你一双寻找美的眼睛——美学方法

杜十娘怒沉百宝箱
表达了反思判断力的作用

在某一个特定的环境下,为一件特定的事情去寻找它的发生原理和分析可能性的思考过程,叫做反思判断力。反思判断不是由普通的概念去解释一些特殊的事情,而是由一些特殊的理念来看待普通的事情,它的思维方式就是从抽象中寻找规律。

明朝万历年间,发生了一件离奇的事情:一个年轻漂亮的女子,在扬子江上把装有大量黄金珠宝的百宝箱投进了江里,紧接着自己也投江自尽。

这就是历史上有名的故事——杜十娘怒沉百宝箱。

事情的过程是这样的:李布政使有个儿子,名叫李甲,是个风流公子,在北京赶考期间,到妓院嫖妓,认识了漂亮多情的艺妓杜十娘。两人一见钟情,情投意合,为此杜十娘花费了多年卖身积蓄的钱财,自赎自身,欲与李甲结为连理。

李甲瞒着父亲和家人,在京城和杜十娘厮混。他当然不敢把要迎娶杜十娘的事情告诉远在南京的父母,于是只好找到同窗好友国子监太学生柳遇春,借他的寓所,与杜十娘举行结婚典礼。

洞房花烛之后,李甲带着杜十娘离开京城,坐船南下,要回李甲在南京的家里。当大船行驶到扬州的瓜洲渡时,杜十娘心情舒畅,高兴地站在船头唱起了《小桃红》,恰巧被邻船的盐商孙富看见了。孙富一眼就看上了杜十娘,他是个非常富有的奸商,满肚子花花肠子,他找到了李甲,说愿意出高价买下杜十娘。开始李甲还有点犹豫,孙富就说:"你父亲怎么说也是地方的高官,怎么会允许你娶个卖笑的妓女为妻呢?他老人家丢不起这个人,你不如把她卖给我,一举两得。我这是替你着想,为你分担忧愁。"

孙富的话,正好说到李甲的心里,于是李甲答应了孙富。

当天夜里,李甲装出一副内疚和无奈的样子,低垂着头,把他和孙富达成的卑鄙肮脏的买卖,一五一十告诉杜十娘。杜十娘听后震惊不已,她没想到李甲会是这样一个薄情寡义的人,完全辜负了她的一片痴情。但她毕竟是个经过大风大浪的人,并没有为此发怒,冷静下来之后,她只说了句:"你得到了千金财富,可以向父母有个交代了,我跟了别人,也不会再拖累你了。你想得面面俱到,一举两得,确实

杜十娘怒沉百宝箱表达了反思判断力的作用

是一个好主意。"

两个人一夜没再说话。第二天早上,杜十娘穿上了最昂贵华丽的衣服,把自己打扮得漂漂亮亮,站在船头上,将装满金银珠宝的百宝箱投进了滚滚的扬子江里,接着自己也飞身一跃,跳进了一望无际的江水,投江自尽了。

在某一个特定的环境下,为一件特定的事情去寻找它的发生原理和分析可能性的思考过程,叫做反思判断力。反思判断不是由普通的概念去解释一些特殊的事情,而是由一些特殊的理念来看待普通的事情,它的思维方式就是从抽象中寻找规律。

杜十娘怒沉百宝箱

根据康德的分析,反思判断力所遵循的是自然的、形式的、合目的性原则。这个原则所表现的就是人从自然界的发现,反过来又思考和检验自己的一种现象,这种现象的根源是出于人们喜悦或悲伤的情感。

康德把反思判断力与审美判断力的表象结合起来研究,审美判断力的表象也就是感性表象。在研究中,康德这样解释说:在对对象的感官认识中,最初所认识到的是对象的感性表象,这个时候的感性表象是主观的,是建立在基础知识之上的,但是如果对对象的认识存在合目的性的话,那就是一种由表象到情感的顺利融合,进而形成一种美学上的合目的性的美学表象。

这样的表象只限于主体,与客体之间没有关系,它是不拘泥于任何约定的格式,并且,它具有反思性。

在判断和鉴赏中,有两个不同的概念,一种是美的判断,它的核心思想是自然,另一种是崇高的判断,它的核心思想是自由。当主客体之间反思判断是建立在自然的基础上反映出合目的性的时候,就是"美"的判断;而当主体无视于客体形象的存在,而根据一个自由的概念,来体现与客体之间的合目的性时,就是"崇高"的判断。

美的判断和崇高的判断是康德《判断力批判》中最为关键的理论构成,在整个先验哲学体系中起着十分关键的作用。

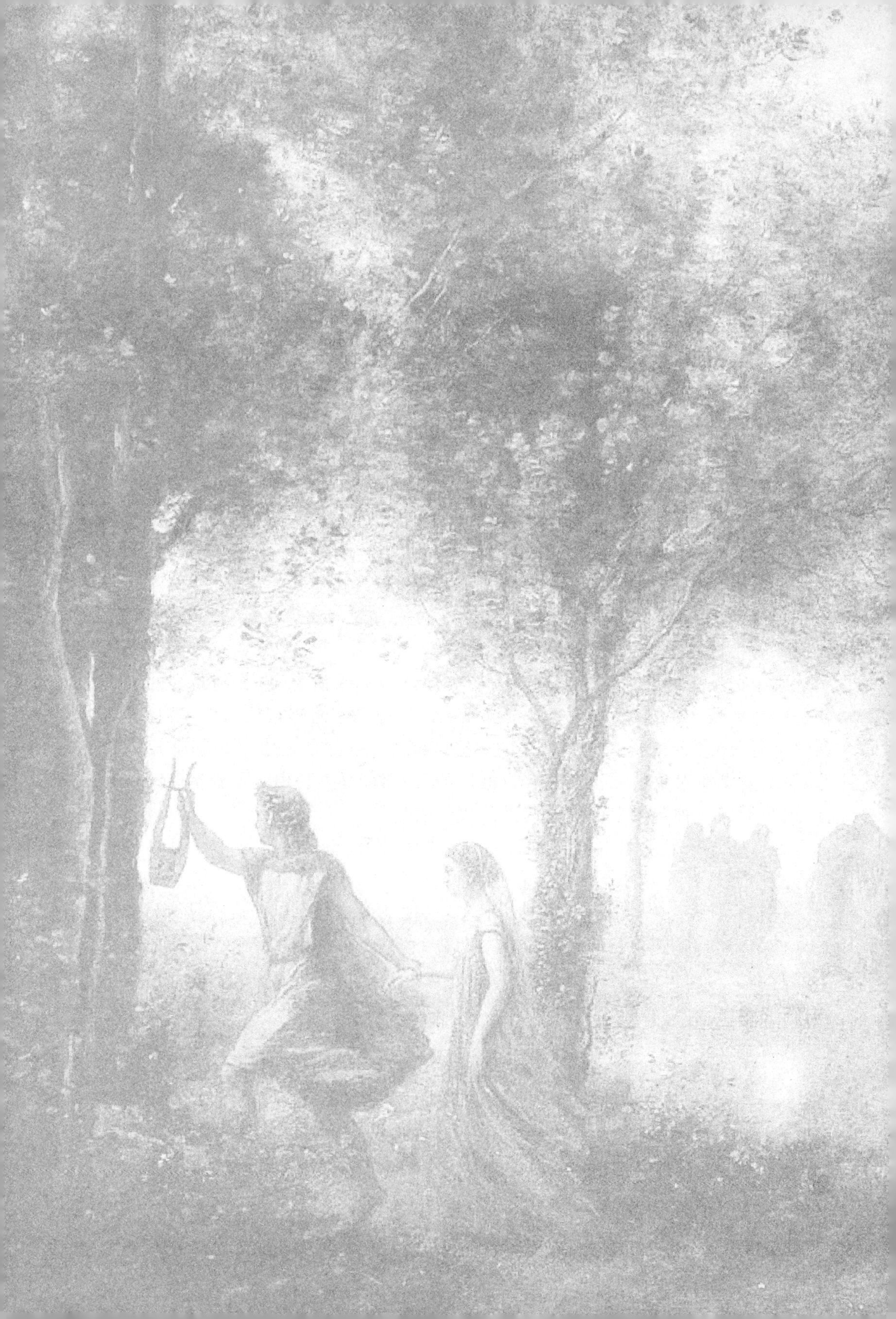

第四篇

美的，更美些
——美学分类

第四篇
美的,更美些——美学分类

马克·吐温做广告
传达了非理性美学原理

　　艺术的对立性,指的是艺术本身只有在具有抵抗社会力量时才有生存空间,否则它即便是存在着,也不过是用来获取利益的一种商品。艺术真正所呈现给社会的是一种间接的抵抗或抵制,用它的对立性来促进社会的发展、掌握社会前进的风向标。

　　马克·吐温是美国著名的幽默讽刺家,是批判现实文学的奠基人,成名以后的他曾经主办过一家报纸。

　　一次,一个生产食品的大亨来找他说:"马克·吐温先生,我们想在您的报纸上发一个广告。"

　　马克·吐温知道对方不过是想借助自己的名气,来为他的产品扬名,虽然他的食品质量的确很差,但是马克还是毫不犹豫地答应了。

　　几天以后,广告被刊登出来,内容是这样的:一只母苍蝇带着它的两个小宝贝飞到超市,在XX食品前,它们收住了翅膀。这款食品看起来包装精美,引人垂涎,两只小苍蝇急不可待地爬上去大吃起来,可是仅几秒钟的工夫,两只小苍蝇便双双从食品上滚落下来,掉在地上死了。母苍蝇伤心欲绝,它飞到一张捕蝇纸上,准备了断生命。可是捕蝇纸上的"有毒"食物都快被它吃完了,母苍蝇却越来越有精神,毫无将死的意思。

　　马克·吐温的批判思想得罪了很多人,那些人就想暗地里找机会报复一下。在一个愚人节的清晨,人们在纽约的一家报纸上看到了马克·吐温去世的消息,很多人都信以为真。他们怀着悲痛的心情急匆匆赶来吊唁,可是一进门,却看到马克·吐温正在桌案前工作,便很诧异地说:"报纸上说您去世了,这该死的报纸,太可恶了。"

　　马克·吐温抬起头,看了看报纸说:"这些家伙说的也没错,只不过把日期提前了。"

　　马克·吐温除了有一手非凡的文笔之外,他的口才也十分犀利,很多人都想借机奚落他,反而被他讥讽一番。

　　年轻时的马克·吐温经济状况不太好,正巧朋友为他介绍了一份工作,让他在一家报社做校稿。可是只做了半年,他就被主编解聘了,理由一大堆,例如嫌他懒、

126

嫌他没用等。

对于主编这样的歧视,马克·吐温反击道:"主编先生,你反应太慢了,我都来半年了,你才知道我懒。可是我从第一天见到你,就知道你是一个蠢材了。"

由于工作的关系,马克·吐温需要经常出差,在旅馆填登记表的时候,很多富人的登记表都是这样写的:某某公爵和他的仆人入住,某某大亨和他的仆人入住等。可是马克·吐温既不是公爵大亨,身边也没有什么仆人,不过他很幽默,他把登记表拿过来,在上面写道:马克·吐温先生和他的箱子入住。

艺术的特性很大程度上是社会的、遵循现实的规律,所以很多情况下,艺术反被金钱和资本利用,成为它们融入社会、控制社会的工具。其实艺术的社会性并不因为它取材于社会,也不因为它本身所体现的就是日常生活中各个生存状态之间的相互依存和相互制约的现象,而是因为它的角度是站在社会的对立面上。当然,前提是它必须具备自律性,然后才有条件显示它的对立艺术。这种艺术形式不遵守已有的社会规范,也不为社会服务,它自身的存在就是一种讽刺和批评。

艺术的对立性,指的是艺术本身只有在具有抵抗社会力量时才有生存空间,否则它即便是存在着,也不过是用来获取利益的一种商品。艺术真正所呈现给社会的,是一种间接的抵抗或抵制,对立性艺术并不模仿现实社会,而是用它的对立性来促进社会的发展、掌握社会前进的风向标。

非理性主义认为美学与科学是没有联系的,这是一种极端错误的认识,艺术既不是对科学的补充,也不是对科学的矫正,它与科学之间存在着批判性的联系。

当代的文化科学领域严重缺乏精神,这是由于审美感性的缺乏造成的,人们在辨别和研究一种事物的时候,往往会表现出一种粗枝大叶、心高气傲的状态,这恰恰是辨别能力差强人意的表现。辨别能力既属于美学范畴,也属于科学范畴,如果对艺术和科学能够做出准确的判断,那么就会相信,在这两个领域,都有相同的力量在发挥作用。

小知识

亨利·博格森(1859年~1941年),法国哲学家。他的美学思想比较分散,不如哲学与伦理学思想那样,主要集中于《创造进化论》和《道德与宗教的两个来源》两本书中。他的著作中只有《笑与滑稽》这本书算是比较正宗的美学著作,但是这本论笑的著作更着重于具体研究而不是对基本的美学问题进行思考。

旋风和细雨
揭示了悲剧之后的宁静

悲剧的美学意义在于它既复杂而又富有研究价值。黑格尔的悲剧理论，可以理解为是一种由伦理实体的分裂到和解的动态过程。为了实现这一目的，实体本身是不和谐的，然后逐渐发展成为裂变性的。

十八世纪后期，英国曾经出现过一位全才作家，名字叫切斯特顿。他拥有小说家、评论家、新闻记者、剧作家和传记作家等多项头衔，这些头衔足以向世人证明，他有着非凡的文学造诣和杰出的艺术天才。再加上他身材高大、相貌堂堂，穿上一身合适的绅士服，所到之处无不增光添彩、惹人嫉妒。可是天才也有苦恼，切斯特顿最不满意的就是自己的嗓子，一个大男人却生就一副软绵绵的假嗓子，这让他在那些公众场合说起话来，总有点不舒服。

有一次，他被美国一所学校邀请去演讲，演讲之前先由主持人报幕，主持人嗓音洪亮，喋喋不休而又高调地向观众介绍切斯特顿。

等介绍完毕以后，该切斯特顿登场了，要怎么才能使人愉快地接受自己那充满柔性的假嗓子呢？他朝观众深鞠一躬说道："刚才主持人的介绍隆重热烈，看起来就像是刮过的一阵旋风，接下来，该由我为大家带来一场柔和的细雨了。"

在美国，他白天演讲，晚上就到大街上欣赏异国风情。纽约的夜色非常漂亮，尤其在百老汇附近，那些大楼上色彩斑斓的霓虹灯，夹杂着广告词在不停地闪烁，如此精心创意的广告，使人看起来非常兴奋。不过切斯特顿倒没有那种兴奋，他看着那些广告词，感叹道："那些不识字的人真幸福，在他们眼里，这样的广告牌简直太完美了。"

什么是悲剧？在亚里士多德的《诗学》里，他说，悲剧就是对一件事物严肃而又完整的模仿过程，这个过程具有一定的长度，因为它需要表现许多故事情节，这是悲剧的灵魂所在。

悲剧同属于美学范畴，悲剧的美学意义在于它既复杂而又富有研究价值。黑格尔的悲剧理论，可以理解为是一种由伦理实体的分裂到和解的动态过程。为了实现这一目的，实体本身是不和谐的，然后逐渐发展成为裂变性的。这种裂变是思想上的、情感上的、甚至是生命上的，由裂变引发冲突，致使矛盾激化，然后又经过一系列的反思和求同存异的调和,最终实现更高境界的和谐。

尼采在他的悲剧理论中,把悲剧看做是自身本质与目的之间的冲动性行为,如酒神精神与日神精神之间所发生的冲突与交合。尼采的这个理论与黑格尔的裂变论有相似之处,但是他们的理论同时也存在着很大的分歧,黑格尔赞成两元论,并且主张自由的主体性与古典艺术形式应该是统一的。

尼采无视艺术的和谐发展规律,他分析希腊人之所以会有这样的二元冲突媾和现象,是因为希腊人内心失去了原有的平衡所致,他们要通过艺术来起到一种掩盖和缓冲的作用,以便使生活和生命能够继续。

从整个思维轨迹来说,尼采的酒神日神二元冲撞论似乎更有说服力:二者既相互依存,又不断地发生争斗,从这样的活动中又不断产生新的能源和力量。这是一种由静态和谐转化为动态冲击,然后再周而复始的循环,以达到高层次的和谐的逻辑观点。

小知识

爱德华·布洛(1880年～1934年),瑞士心理学家、语言学家。在美学方面,他在批判传统美学拘泥于美的客观性的基础上,专注于由对艺术品的观赏而生的心理效应——审美意识或态度,提出了"心理距离说"。

第四篇
美的,更美些——美学分类

站着安葬的遗嘱揭示了美就是生活

在传统观念中,"审美非功利"论和"艺术自律"论已经根深蒂固地成为古典美学观念与艺术理念的实质特征,而新兴的生活美学就是要对这两个特征进行解构。

罗伯特·布朗宁是英国著名的剧作家、诗人,他一生酷爱写作,常常写起来就不记得吃饭睡觉,时间再长也不觉得疲倦。不过布朗宁最讨厌在他写作的时候有人来打扰,也很少跟别人谈论一些无关痛痒的话题,他觉得那简直是在浪费生命。

有一次,布朗宁应邀去参加一个新剧发布会,会场里宾客云集,那些绅士和阔佬都端着酒杯,装模作样地穿梭于会场中间。

一个先生看到了布朗宁,便向他走来,因为布朗宁当时名气已经很大,这位先生便就布朗宁的诗歌和剧作向他提了几个问题。

"尊敬的布朗宁先生您好,请问您至今一共发表了几部作品了?"

"不记得了。"布朗宁非常不情愿地回答这个人无聊的提问。

接下来他又问道:"先生,您的家人对您写作怎么看?"

布朗宁实在不知道该怎么回答这个人的问题,他觉得眼前这个人不仅不懂文学,甚至还有些不识趣,于是说道:"先生,不好意思,我耽误了你很多时间,现在我要告辞。"

说完,布朗宁扬长而去。

威斯敏斯特教堂是欧洲最美丽的教堂之一

英国还有一位多才的作家,名字叫做塞缪尔·约翰逊,他的语言风格以幽默讽刺著称。有一次,约翰逊编著的《英语语言辞典》出版了,在新闻发布会上,有两位女士对约翰逊的工作能力和才华大加赞赏,并且说:"约翰逊先生,你所作的这部语言辞典,比以前的好多了,那些不干净的、猥亵的词汇都没有了。"

"是吗?看来你们已经在辞典里找过这些词汇了?"约翰逊的话让全场发出一

阵笑声,两位女士面露尴尬,随即红着脸向别处走去。

威斯敏斯特教堂是英国伦敦的国家级教堂,有人建议约翰逊在威斯敏斯特教堂附近为自己选择一块墓地,以便死后安葬。

很快墓地就选好了,可是到了约翰逊临终的时候,家人却告诉他说:"你事先选好的墓地,现在已经被人占了。"

"那怎么办呢?要不我就站在他旁边吧!"

约翰逊死后,遵照他的意愿,家人就把他站着安葬了。

在传统观念中,"审美非功利"论和"艺术自律"论已经根深蒂固地成为古典美学观念与艺术理念的实质特征,而新兴的生活美学就是要对这两个特征进行解构。

古典时代,大自然的环境也都是神创造赋予的,同时人们把文化看做是神圣的,这样的前提下,所建立起来的是不被功利所左右的审美观。这样的审美观自有它的合理性,也有它的弊端。古代的社会是等级观念分明的社会,艺术这种高级的文化修养,只掌握在少数人手里,它们与日常的生活没有联结,也不出现在一般人的视线内,这就直接导致了一种艺术垄断。

在新兴的美学理念中,历史条件被改变,历史的美学观点也被刷新,在新旧观念交替的时候,出现了三种观念交锋的状态:

1. 由"日常生活审美"所带来的"生活实用性审美观",它所对应的是"审美非功利性"。

2. 由"文化艺术产业化"所带来的"有目的的无目的性",它所对应的是"审美的合目的性"。

3. 第三种是由日常生活所带来的"日常生活经验"的连续体,它所对应的是"审美经验的孤立主义"。

在现存的三种冲击波中,后者均以压倒性的优势领先前者。现代审美反对原始审美,在后康德时代,原始的审美艺术和审美理论被重新整理和审视。

小知识

乔万尼·薄伽丘(1313年~1375年),意大利文艺复兴运动的杰出代表,人文主义者。其代表作《十日谈》批判宗教守旧思想,主张"幸福在人间",被视为文艺复兴的宣言。其与但丁、彼特拉克合称"文学三杰"。

自信的女孩
推开了实验美学的门扉

在审美过程中,艺术作品会给人带来一种感官上的刺激。美学研究就是把感官上的刺激用物理测量的方式计算出来,再利用心理学加以分析,这种以实验的方式来研究探索美学的方式叫实验美学。

残酷的命运总是光顾那些无辜而善良的人,妮姬是一个美丽的七岁小女孩,被医院诊断出患有白血病。

接下来,有关白血病的种种病症便在妮姬身上显现出来。因为化疗,她的头发掉光了,她不得不戴上使人看起来非常难受的假发。戴着假发上学的妮姬,在同学面前失去了往日的光彩,以前,大家只要一下课,便都围着妮姬叽叽喳喳,吃饭也都喜欢黏着她,那时候妮姬是一个漂亮的小公主,是同学们眼里的偶像。

可是现在呢?妮姬的生活安静了许多,那些朋友都不知道何时已悄悄地离她而去,下课和吃饭的时候再也没有人围着她,就连她主动走过去,同学们也都很快散开,她吃剩下一半的比萨也没人要了——那比萨从前大家都是抢着吃的。而更令人伤心的是,有些坏家伙还在妮姬的背后扯她的假发,然后一哄而散。每逢遇到这样的情况,妮姬只有悄悄蹲下来,强忍害怕和困窘,颤抖着拾起被弄脏的假发,拍拍灰尘,然后重新戴上,眼里噙着泪水去上课。

父亲非常心疼女儿的处境,为了鼓励女儿,他给妮姬讲了自己小时候的故事。父亲说自己一直在读新约《圣经》,可是到了学校以后,因为当地人不接受新约《圣经》,所以他的行为就遭到了同学们的耻笑,并且还讥讽他说:"你这蠢家伙,你以为祈求和祷告就可以得到幸福的生活和美好的前程吗?见鬼去吧!"

可是父亲并没有被吓倒,他勇敢自信地拿着《圣经》说:"我现在就拿着这本书,绕操场走一圈,谁敢抢我的书?"

"你真的绕操场走了吗?"天真的小妮姬看着父亲的眼睛问道。

"是的,我走了,可是没有一个人敢阻拦我。"

父亲的亲身经历给了妮姬很大的触动,她觉得自己也应该像父亲一样坚强起来,而不是做个胆小鬼。

第二天上学,妮姬就摘掉了假发,像从前一样坦然地坐在教室里,吃饭和上课她都不再躲着别人,回答问题的时候,声音响亮,充满了自信。很多人都惊讶于她的变化,从那时起,就再也没有人敢欺侮她了。

现在,妮姬已经是两个孩子的母亲,她像许多的女性一样,每天忙碌着,但她又跟其他女性不一样,原因就是她那令人折服的勇敢和自信。

在审美过程中,艺术作品会给人带来一种感官上的刺激。美学研究就是把感官上的刺激用物理测量的方式计算出来,再利用心理学加以分析,这种以实验的方式来研究探索美学的方式,叫实验美学。在美学的实验研究中,首先要把艺术作品所带来的一系列的心理反应和社会反应加以简化,要求论述简明扼要,定义明确清晰,进而使美学研究有可操控和可掌握性,以完成精确的测量和统计。

实验美学的创建者是德国心理学家费希纳。费希纳所开创的这门学科与以往传统方式上的美学研究是背道而驰的。传统方式上的美学研究是自上而下、从一般到特殊,而费希纳的美学研究遵循的是从特殊到一般、自下而上的方式,这里所说的自下而上指的是用实验的方式来研究美学,然后再与以往的美学经验做比对。

最早的美学实验针对的只是那些令人愉悦的美学,希望能够从中找出存在的形式。为此,他们做了一个很简单的实验,让一些参与者从大堆的图形中,找出自己喜欢的图形。令人惊异的是,几乎所有人都喜欢矩形,而这类矩形的长、宽比例又十分接近黄金分割的比例。

随着对美学实验探索的深入,测量美感的方式和美感刺激物也都有了极大的变化,从这些试验中,费希纳总结出十三条心理美学规律,这些规律包括审美联想、审美对抗以及审美比对等。

二十世纪初,在美国人伯克霍夫发表的《审美测量》一书中,用一个公式给出了审美测量的等式:$M=O/C$,M代表美感程度,C代表审美对象的复杂性,O代表审美对象的级别。由此看出,美感与对象的等级成正比,与对象的复杂性成反比。

小知识

但丁(1265年~1321年),意大利诗人,现代意大利语的奠基者,欧洲文艺复兴时代的开拓人物之一,以长诗《神曲》留名后世。恩格斯评价他是中世纪的最后一位诗人,同时又是新时代的最初一位诗人。

莫扎特告别美女
追寻着移情美学

赫尔德认为,无论哪种形式的美,都是艺术本身或者是人类本身内心美的一种反映。在欣赏或审美的过程中,欣赏者会不自觉地进入一种迷失自我的状态,而与此同时,被欣赏的对象又会被拟人化、象征化、精神化,这就是移情表现。

年轻的莫扎特风流倜傥,很多秀丽、漂亮的女子都曾经是他倾慕爱恋的对象,可惜好景都不太长,他见一个爱一个,爱一个忘一个。

二十一岁的时候,莫扎特跟随母亲一起外出,开始了第二次旅行演出。在去巴黎途经曼汗城时,莫扎特无意间遇到了一个叫阿蕾霞的德国美少女。她俊俏的外貌、美丽的歌喉,一下就征服了莫扎特。他为之神魂颠倒,竟鬼使神差找了个借口,说是要教美少女声乐,并说服母亲让他滞留在了曼汗城,借机和阿蕾霞接触。

阿蕾霞被莫扎特的才华所打动,为了报答他,少女暗许芳心,这让莫扎特激动万分,决定娶她为妻,并愿意竭尽全力,帮助她成为歌剧界的新秀。莫扎特把这个想法,写信告诉了留在家里的父亲。

母亲看在眼里急在心上。母亲清楚地意识到,这样下去,巴黎的演奏旅行不会有什么好的结果。于是,这位母亲想了个对策,在莫扎特给父亲的信后,偷偷附了一句含意深刻的话,"那是位好姑娘,歌唱得也不错,不过我们不能忘记自己的目的。"

莫扎特很快接到了父亲的回信,父亲在信中婉转地对他提出了警告:"你是想成为一个平凡的音乐家,将来被世人淡忘,还是想成为一位第一流音乐家,受到众人祝福,名垂青史?如果你想被美貌所迷很快死于温柔乡里,令老婆孩子流离失所,那你就继续留在那里。如果想成为一名虔诚的基督徒,过着美满幸福的日子,赢得人们美好的赞誉,给家庭带来安宁和荣誉,你就应该选择离开。"

最后,父亲斩钉截铁地命令道:"必须立即起程赶往巴黎,加入那些伟大人物的行列里,不得推迟延误,要是不能像西泽那样成功,还有什么面目做人?"

有了父亲严厉的警告,莫扎特只能强忍痛苦割断这段美好的感情纠葛,向阿蕾霞姑娘辞别,跟随母亲踏上了前往巴黎的行程。

最早有系统地把移情思想作为一种美学理论来研究的人,是德国的哲学家赫尔德。其实早在赫尔德之前,移情一说就露出端倪,如亚里士多德的"隐喻说"、哈奇生的"联想说"以及休谟和博克的"同情说"等,这些理论中都含有移情思想的影子。

赫尔德是德国狂飙突进运动的代表人物,他是在与康德的形式主义的对抗中,提出"审美移情说"。赫尔德认为,无论哪种形式的美,都是艺术本身或者是人类本身内心美的一种反映。在欣赏或审美的过程中,欣赏者会不自觉地进入一种迷失自我的状态,而与此同时,被欣赏的对象又会被拟人化、象征化、精神化,这就是移情表现。

赫尔德所理解的移情心理过程是静态的,是自然欣赏过程中的一种忘我状态。移情现象既有人的情感移植于物,也有将物拟人化并移植于人。

德国美学家费舍尔晚年在其所著的《批评论丛》中,曾对美学理论做了修补和论证,他认为美学理论应能体现审美的象征作用,事物本身的感性形象和含意之间应该存在一种象征关系,这种象征关系有三类:

1. 神话和宗教的象征意义,这类的象征主义的心理特点是无意识和不自觉的。

2. 寓言和日常生活之间的象征意义,这类的心理特点能够清晰、准确地认识到形象与含意之间的关联。

3. 美学本身的象征意义,它的心理特点是介于上述两者之间的,这种心理既有无意识、不自觉的一面,又有有意识自觉的一面,它能够让自然万物都富有生气,给它们灌输思想和灵感,让它们有崇高的灵魂,这种心理现象就是移情。

小知识

赫尔德(1744年~1803年),德国哲学家、文学评论家、历史学家。他认为人的本质目的是人道,历史进化的目的是人道的实现,也就是理性和正义的实现,而人道的完成正是历史发展的终极结果。其著作有《当代德国文学之片稿》、《评论文集》和《关于人类教育的另一种历史哲学》等。

第四篇
美的,更美些——美学分类

芭蕾舞演员贪吃冰淇淋证实了美学的特征说

自然界每种事物都有它的特性,人们从相似的事物中寻找出来共性,这些共性所带来的心理上的反应,就叫做这个概念的特征。概念的特征根据其特性侧重面的不同,分为本质特征和区别特征两类。

俄罗斯芭蕾舞演员阿纳斯塔西娅·沃洛奇科娃,因其出色的芭蕾舞表演才华,曾获得第二届国际芭蕾舞大赛金奖。2002年,为了表彰她在芭蕾舞台上塑造了那么多优美的艺术形象,人们又评选她为俄罗斯荣誉艺术家。但是她在二十七岁那年,却出人意料地与自己所在剧团闹起了纠纷。

沃洛奇科娃所在的芭蕾舞剧团是俄罗斯最著名芭蕾舞剧团之一,演出质量非常高,对演员的要求也非常高。令人想不到的是,纠纷的原因竟然是与沃洛奇科娃过度爱吃冰淇淋有关。

剧团在一次演出中,本来是要沃洛奇科娃演出主要角色的,但在临近演出前一天,剧团负责人突然告诉她,剧组撤销了她的角色了。沃洛奇科娃不明就里,于是向莫斯科当地媒体披露,她可能被剧团辞退了。

于是记者采访了剧团负责人,得到的答案出乎所有人意料。负责人说,剧团并没有辞退她,而是正在准备和她签署一份新的工作合约,没能让她演出的关键原因是,剧团里没有一位男演员愿意与她搭档演出。

原来,芭蕾舞演出中,经常有一些特殊的动作,需要将女演员整个人举起来,为此,女演员的身材必须轻盈飘逸,体重不能过重,不然会影响演出效果。本来沃洛奇科娃的个子就比一般女演员高,幸好她比较瘦,还感觉不到什么,如今随着年龄增长,加之她不注意体型训练,明显发胖,导致剧团里的男演员们不愿意与她搭档。

记者询问沃洛奇科娃发胖的原因,她说自己实在太喜欢吃冰淇淋了,假如没有冰淇淋,她简直无法想象生活会是什么样。对吃冰淇淋不加节制的后果,就是沃洛奇科娃的体重日渐增加。如果她还想继续做一个优秀的芭蕾舞演员,就必须放弃冰淇淋,否则她只好放弃艺术了。

自然界每种事物都有它的特性,人们从相似的事物中寻找出共通性,这些共通性所带来的心理上的反应,就叫做这个概念的特征。概念的特征根据其特性侧重面的不同,分为本质特征和区别特征两类。

以审美经验为出发点,研究美和艺术的学科叫特征美学。特征美学涉及面很广,它分为基础美学、实用美学和历史美学。其中基础美学又包含哲学美学、心理学美学和社会学美学等,实用美学包括装饰美学、技术美学和社会美学。

心理学所研究的是心理状态的产生和发展轨迹,在这个过程中,知觉和思维之间的分界是清晰的,这是两种不同的研究课题,所以心理学要从"知觉心理学"和"思维心理学"两个方向探索和研究。

西方的一些美学先哲,从各种角度肯定了感性与理性之间所具有的渗透性的联系,这也就是承认了知觉与思维之间的联系。他们把知觉划分到经验和感性的认知范围,而把思维划分到理性认知范围。前者是与客体对象交流的直接印象,如电影艺术,当某个事物的许多点以线的移动形式先后在视觉中出现时,观众看到的是一个连续的动作。而后者则是在前者的基础上,利用大脑展开的思维分析的过程,这个过程不直接发生在客体事物本身,故而它有间接性、概括性和抽象性等特征。

窦加《舞蹈课》

小知识

尼古拉·布瓦洛(1636年~1711年),法国著名诗人、美学家、文艺批评家,被称为古典主义的立法者和发言人。其最重要的文艺理论专著是1647年的《诗艺》,这部作品集中表现了他的哲学及美学思想,被誉为古典主义的法典。

第四篇
美的，更美些——美学分类

王国维之死
是中西美学融合史上的遗憾

王国维的美学观点立于西方文化交汇的基础之上，他主张的独立论，其中一个重要论据就是以叔本华"人与动物都有形而上学的需求"的观点为出发点。

1927年春末夏初的一个上午，偌大的颐和园内悄无一人，当时兵荒马乱、国将不国，人民都处在水深火热之中，更无人有兴致游览颐和园。可是就在这荒凉的颐和园里，却走进来一位身着中式长袍的老者，老者脚步迟缓，低头沉思，鼻梁上一副眼镜，使人感到了一种与众不同的认真与执著。

老者走到昆明湖附近，站在一棵刚抽芽的树下，神态自若地拿出一支烟，半响，抽完烟的老者纵身一跃，跳进了冰冷的昆明湖。只看见湖面上泛起了一阵水花，随即归于沉寂。

看到有人跳水，管理员赶紧喊人打捞，但为时已晚。他们在死者的口袋里发现了一张字条，上面写着：五十之年，只欠一死，经此世变，义无再辱。

经过查证，这位跳水自尽的老者，就是王国维。王国维家道贫寒，为求取功名，自幼苦读诗书，虽屡试不中，但是他却给后人留下了不可估量的国学遗产。只是他的思想难以承受世事的变革，于1927年，国民革命军北伐逼近北京时，投湖自尽。

王国维的美学观点立于西方文化交汇的基础之上，他主张的独立论，其中一个重要论据就是以叔本华"人与动物都有形而上学的需求"的观点为出发点。既然自然界的生物都有这样的特点，那么探讨关于人类生存法则的问题就是世界性的，学术上的解释没有国家和民族之分。

王国维说，学术的研究之所以能够取得成绩，是因为只以学术本身为目的，学术是独立的，它一方面要破除国家、种族的界限，另一方面又不能被利用到政治事件当中。如果能够遵循这两点，那么学术要想取得成绩，便指日可待。

王国维的这一理论观点就是学术独立论，它是沟通中西方思想文化的先决条件。

中西方学术沟通方面一个令王国维困惑的问题，就是本土问题。这种困境其一是人生的苦闷，用叔本华的哲学观来解释，人生的苦闷指的是人因为追求功利，而被其缠心不得清净，要想脱离这种困扰，就要推崇以纯粹的没有功利的美学审美观,这样符合美学的独立性。其二,在国人的启蒙教育问题上,王国维一方面借用西方美学的感性来提高国人的兴趣,另一方面他又在这基础上深入解析了本国的儒家和道家理论。他从国外引进了很多哲学家、美学家的理论和思想,目的不仅是为了扩大知识层面,更重要的是给当前知识分子所面临的困境寻找一种适合的解决方案,同时也是为文化发展指引一条道路。为此,他曾在《论教育之宗旨》里把孔子、曾子以及国外学者的观点融合在一起,做了细致的阐述和分析。

小知识

阿尔贝蒂·利昂纳·巴蒂斯塔(1404年~1472年),意大利建筑师、建筑理论家。他一生致力于理论研究,并首次提出空间表现应基于透视几何原理,强调实物观摩、写真传神、面向自然及集聚素材创造理想典型等问题,奠定了文艺复兴美术现实主义和科学技法的理论基础。其著作有《论绘画》、《论建筑》和《论雕塑》等。

巴尔扎克写作
揭示了表现主义美学精神

表现主义的观点主张艺术是精神,是表现而非再现,它反对以呆滞的印象主义来表现世界观,拒绝表现那些虚假的伪装。主张突破事物表面的物质形象,表现内里的精神本质;主张抛弃客观层面上的临摹,努力去表现主观的情感世界。

巴尔扎克虽然是法国著名的大文豪,可是他的一生却穷困潦倒。为了改变困境,他曾试着做生意,可是初次经商便惨遭失败,不仅没有赚到钱,还欠了很大一笔债。

反正过惯了没钱的日子,巴尔扎克倒也并不觉得太难受,因为他的兴趣在写作上,他每天至少工作十二个小时,不累到极点绝不离开桌案。

一天晚上,他写累了,便躺在床上休息。这时一阵窸窸窣窣的声音传来,他睁眼一看,发现是一个鬼鬼祟祟的小偷正在翻他的箱子。看到小偷紧张的样子,巴尔扎克竟然哈哈大笑起来,然后说道:"你就别翻了,这箱子我早就翻了好几遍了。"

"你比我还穷。"小偷愤愤地转身离去。

巴尔扎克又说:"顺便把门给关上。"

"又没钱,关不关门有什么用?"

"我那门是用来挡风的。"

越穷就越想发财,巴尔扎克时常幻想着自己变成了一个大富翁。有一次,他梦见自己的小说又出版了,这时一个有钱人来找他说:"我要买你的小说,我这抽屉里全是钱,你要多少都行。"

巴尔扎克兴奋地从他那简陋的床上跃起,却跌倒地上,摔得很疼。

无论是现实的残酷,还是梦中虚拟的富有,都没改变巴尔扎克那乐天派的性格以及他酷爱写作的本性。有一次,几个朋友来到家里,朋友们聚在一起谈天说地非常热闹,而巴尔扎克也沉浸在其中,兴奋不已。可是他的话刚说了一半,却突然停止了,然后拍着自己的脑袋骂道:"你这个该死的家伙,就知道在这里胡扯。"

众人不知所云,都疑惑地看着巴尔扎克,这时又看见巴尔扎克满脸堆笑地说:"对不起,我要去写我的小说了,你们继续聊吧!继续聊。"

痴迷于写作的巴尔扎克经常沉浸在自己的小说里,甚至把现实与小说混为一

巴尔扎克写作揭示了表现主义美学精神

谈。他曾在一部作品里提到过一匹白色的骏马,后来这匹马被他送给朋友了,几个月以后,那位朋友来访,巴尔扎克开口就问道:"我送你的那匹马怎么样了?"

朋友茫然,而此时的巴尔扎克却恍然大悟,继而哈哈大笑。

表现主义的观点主张艺术是精神,是表现而非再现,它反对以呆滞的印象主义来表现世界观,拒绝表现那些虚假的伪装。主张突破事物表面的物质形象,表现内里的精神本质;主张抛弃客观层面上的临摹,努力去表现主观的情感世界。

表现主义者弗里德里希说,目光在一瞬间所看到的,是事物真实的一面,但是这样的真实只是最初的感官印象,只存在于表面。要想反映出更深一层的真实,则需要表现灵魂深处的一些感受,它包括一些独到的感悟和强烈的撞击,这是内心世界的思想,它不在事物表面,需要闭上双眼,打开心灵去倾听。

1906年,艺术家们在慕尼黑的新美术家协会的宣言中,阐述了这样的观点:艺术家要在外观印象的基础上,不断地追求和发现内在的本质,以寻求表现更深一层的内涵。法国艺术理论家康定斯基在他出版的《论艺术的精神》中说道,画家是一个创造者,他的责任不能只停留在模仿的基础上,而要把表现事物的本质当做艺术的目的。

表现主义大量使用主观幻觉、梦境和错觉,以及扭曲变形等手法来表现生活。在语言风格上,表现主义是一种冷漠旁观的态度,用简明扼要的文字来叙述,而不是描写和议论。此外,为了能够有效地表达出人物内心世界的激烈,还会常常引用一些超乎常理的行为和情绪,这同样是表现主义特有的风格。

小知识

列奥纳多·达·芬奇(1452年～1519年),意大利文艺复兴时期最负盛名的美术家、雕塑家、建筑家、工程师、科学家、科学巨匠、文艺理论家、哲学家、诗人、音乐家和发明家。其主要画作有《岩间圣母》、《最后的晚餐》、《圣母子与圣安妮》和《蒙娜丽莎》等。

美的,更美些——美学分类

芝诺的悖论和圆圈论
体现了美学中有知与无知

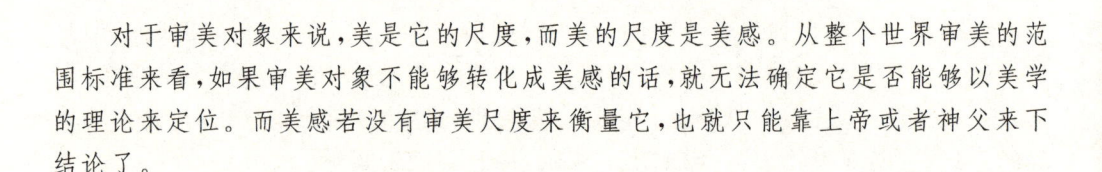

对于审美对象来说,美是它的尺度,而美的尺度是美感。从整个世界审美的范围标准来看,如果审美对象不能够转化成美感的话,就无法确定它是否能够以美学的理论来定位。而美感若没有审美尺度来衡量它,也就只能靠上帝或者神父来下结论了。

芝诺是古希腊伟大的数学家和哲学家。

一天,他的一个朋友来找他,请他来解释一个问题。朋友说:"我跑步的速度应该是很快的了,可是有一次,我遇见一只乌龟,它竟然不服气,并且傲慢地跟我说:'你以为自己跑得很快吗?可是你连我都追不上。'于是,我就跟乌龟赛跑。为了礼让乌龟,我让它先跑一百公尺,然后我再开始跑。可是就像乌龟说的那样,当我跑到一百公尺处时,它已经往前爬行了十几公尺,看起来我与它的距离越来越近。可是等我跑到它的位置的时候,它又往前爬行了一段距离,这就是乌龟所说的,我追不上它的道理。可是这到底该怎么解释呢?"

芝诺说:"假设你跑完一百公尺用十秒钟,那么此时乌龟已经又爬了十公尺。如果严格按照时钟来计算的话,你要赶上乌龟,只需再跑一秒钟就可以了。从实际上讲,你是能追得上乌龟的。但假设时空是无限可分的,你与乌龟的运动也是永远不止的话,你们之间的距离虽然在一点一点地缩小,但是却永远存在。这就是说,你永远也赶不上它。"芝诺用他自己的悖论解释了这个现象,但现实中时空并不是无限可分的,运动也不是连续的,所以他是以一种假想的方式来解释这个现象的。

有一次,他给学生们上课,有同学问道:"老师,你的知识比我们多得多,你回答和解释问题总是那么准确,可是你为什么还经常对自己的解释有些怀疑呢?"

为了具体地回答学生的问题,芝诺在黑板上画了一大一小圆圈,告诉同学们说:"大圆圈代表我所知道的知识,小的则代表你们所学的知识,而圆圈外面的部分是我们都不了解的。看看,大圈的周长比小圈长,这就是说,我所接触到的无知比你们也多得多。"

对于审美对象来说,美是它的尺度,而美的尺度是美感。从整个世界审美的范围标准来看,如果审美对象不能够转化成美感的话,就无法确定它是否能够以美学的理论来定位。而美感若没有审美尺度来衡量它,也就只能靠上帝来下结论了。

眼睛和耳朵,一个能听到音乐,一个能看到事物的形象,进而享受到美的感觉。而这些感觉,就是能够证明自身本质力量的感觉。眼睛和耳朵是从原始社会发育起来的,从实质上说,它并不比婴儿的能力大多少。普列汉诺夫曾经这样论述审美:动物跟人一样,能够感觉到审美当中的快感;相同的道理,人类跟动物的趣味是一样的。但是这样的结论是从达尔文的生物学中得来的,它不该被没有原则地运用到以社会学的角度研究审美。

审美的状态一旦与人性相联系,就转变成人的审美感觉了。

小知识

芝诺(公元前490年～公元前425年),希腊著名的数学家、哲学家。他常常用"归谬法"从反面去证明:"如果事物是多数的,将要比是'一'的假设得出更可笑的结果。"他用同样的方法,巧妙地构想出一些关于运动的论点,他的这些议论,就是所谓"芝诺悖论"。其著作有《论自然》。

单相思的肖邦
注重形式主义美学

　　形式主义美学所注重的关键是线条、形体、颜色、声音以及文字等，这些要素组成的关系之间含有一种独特的韵味，只有这样的韵味才能激发起人们的审美感觉。它与美学所注重的完全模仿和真实再现物体形态的纵然主义是相对立的。

　　肖邦八岁生日后的第三天，也就是1818年2月24日，华沙协会的名流们筹划了一场慈善音乐会。在这个音乐会上，年仅八岁的肖邦举行了生平第一次的公开演奏，演奏非常成功，在座的贵族都为这个孩童叫好喝彩，肖邦一夕成名。

　　经过这次演奏后，肖邦被世人誉为"莫扎特再世"，名声迅速传遍了华沙。当时，肖邦在酒鬼老师怀契夫·琪凡尼门下学习音乐，深得老师的喜欢。

　　1821年的某一天是他的老师怀契夫·琪凡尼的命名日，为了对老师表示庆贺，年仅十一岁的小肖邦欣然写了一首波兰舞曲，献给了老师。这令老师非常开心，作品也得到了老师的肯定。第二年，他告别自己的老师，来到华沙音乐学院，拜院长约瑟夫·艾尔斯纳为师，正式学习作曲。

　　肖邦从小就向往音乐圣地维也纳，1828年7月，肖邦与三个朋友相约来到维也纳。维也纳是海登、莫扎特心中的圣地，一年前，舒伯特和贝多芬也在这里。大师汇聚之地自然令年轻的肖邦灵魂抖颤不已，为自己能把足迹印在这样的地方感到无比的骄傲和自豪。他在维也纳举办了两次专场演奏会，凭借优美的演奏风格、突出的即兴演奏才华，博得了观众阵阵的掌声和无数的喝彩。维也纳的音乐评论界也对肖邦的艺术才华频频称赞，对他的演奏给予很高的评价。

　　秋天来临的时候，肖邦离开维也纳回到了华沙。这时他才发现，有一位美丽的女子悄悄闯入了自己的心扉。这位美丽的女子刚从华沙音乐学院毕业，她的名字叫康丝坦翠，不仅歌声美妙，而且容貌美丽，气质高雅，是一位才华出众的美女。

　　年轻的肖邦虽然对康丝坦翠产生了无尽的爱慕之情，但他性格内向羞涩，心生畏怯，不敢对她大胆表白，只能把美好的感情埋在心里，默默地单相思。他唯一剩下可以抒发情感、表达心曲的方式，就是用钢琴和五线谱上那美妙的乐曲了。为此，肖邦被炙热的情感激发出巨大的创作灵感，当他创作的《F小调协奏曲》的第二乐章慢板完成时，他终于彻底表达了自己内心深处那如火山般汹涌的爱。

单相思的肖邦注重形式主义美学

今天,当全世界所有的乐迷们,以一种陶醉的心境来抚琴弹奏或者侧耳聆听《F小调协奏曲》时,有谁会想到,这就是未满二十岁的肖邦在无从表白却有激情似火的情感驱使下,所创作的优美华章呢?

形式主义美学所注重的关键是线条、形体、颜色、声音以及文字等,以这些要素组成的关系之间含有一种独特的韵味,只有这样的韵味才能激发起人们的审美感觉。它与美学所注重的完全模仿和真实再现物体形态的纵然主义是相对立的。

在西方国家,形式主义一直被看做是美学史上的主流思想,甚至一些现代文学的结构主义、格式塔美学、符号主义和现象学,以及文学理论中的新批评运动,都含有一定的形式主义。在文学领域的形式主义,指的是语言的声音模式以及暗喻的一种意象,最早由古希腊的诡辩派提出的。他们把形式主义引入诗歌中,认为在诗歌中,用声音、节奏和丰富的词汇所表达出来的情感,比丰厚的内容更有感染力,前者是用一种形式来表达,而后者是累积性描述事物的原型,二者有本质的区别。所以判断一首诗是否成功,最有说服力的就是看它是否存在令人感官愉悦的声音。

十八世纪英国的美学理论家就曾经提出,美产生的决定因素是事物本身形式的变化以及数量多少之间的相互制约。德国艺术家温克尔曼也曾经说过,无论从哪种艺术角度来说,真正的美都是有几何形体的。而康德则说,艺术的美,它的本质无疑是形式的。

这样的观点,使美学家们认识到,艺术上的美是一种创造性的再现。如果一味遵循模仿的手段,就只是把事物停留在再现的基础上,而使作品少了艺术性,没有艺术性的作品就没有任何的艺术价值可言的。

小知识

伊壁鸠鲁(公元前341~公元前270年),古希腊哲学家、无神论者、伊壁鸠鲁学派的创始人。他认为快乐是生活的目的,是天生的最高的善。人是以个人快乐为准则的生物,生活的目的就在于解除对神灵和死亡的恐惧,节制欲望、远离政事,审慎地计量和取舍快乐与痛苦的事物,达到身体健康和心灵的平静。

第四篇

美的,更美些——美学分类

自杀的海明威
为精神分析美学出了一个难题

本我、自我和超我是精神世界的三大状态,它们之间一直相互渗透、相互制约、相互转换着。在这个转换的过程中,无意识的主流意识最强大,而意识的作用是微弱的,后者在很多情况下,非但起不到制约的作用,反而会被前者的本我意识所支配。

十九岁的瓦莱丽被新闻社安排采访海明威,当时海明威来西班牙是为了观看斗牛比赛,在他下榻的饭店里,瓦莱丽见到了这个大名鼎鼎的作家。

由于报社方面为瓦莱丽提供的海明威数据并不周全,致使采访一度陷入尴尬的困境,当瓦莱丽问:"我知道二十年前您曾经来过这里,那么是什么原因使您又重返这里呢?"

海明威并没有回答重返的原因,而是更正说:"我离开这里没有二十年,五年前我就回来过。"

计划好的采访行程被打乱,下面瓦莱丽不知该如何继续,这时候海明威打破了尴尬的局面,向瓦莱丽盘问起她的工作生活以及爱好。

话题没有约束,想到哪里就说到哪里,当前斗牛比赛正是最热闹的时候,他们的话题自然也就说到了斗牛。海明威喜欢看斗牛,采访结束的时候,他要求瓦莱丽留下联络方式,希望以后有机会能够邀请她一同观看斗牛。

留下了联络方式,海明威便不断邀请瓦莱丽看比赛、旅游、参加宴会等。而对于作家的这种态度,瓦莱丽心里既有些激动又有些不安,毕竟海明威是著名的作家,而自己只是一个报社的员工。后来海明威要求瓦莱丽为自己的文章做打字工作,瓦莱丽这才算名正言顺地留在海明威的身边。

在西班牙观看斗牛的那段时间,海明威过得非常愉快。一段时间以后,比赛结束了,接下来他们挥泪送别,相拥而泣。几个月之后,两人都收到了对方的来信,除了互诉思念以外,彼此都感到了离开对方,自己的生活是那样的伤感和空虚,并且都明白自己已经深深爱上了对方。

爱情的力量使瓦莱丽不顾一切只身前往古巴,开始陪伴在海明威身边。在此后的两年时间里,瓦莱丽作为他的私人秘书,记录了海明威曾说下的每一句话。海明威喜欢游泳、喜欢钓鱼,还经常在自己的住所会见了很多当时的名人以及政界要员,《危险夏日》便是在这样的状态下完成的。

随着古巴与美国之间局势日益恶化,海明威也变得心事重重,随之而来的就是眼科医生为他开出的诊断报告,告诉他眼部的疾病还在继续发展恶化,这些坏消息让海明威的情绪更加抑郁和低落。

1960年10月,两人双双返回西班牙,而这一次旅行结束,海明威返回古巴,瓦莱丽则留了下来。或许两人感觉到永别的日子已经不远,所以分手的时候,他们都做了充分的心理准备,因为他们都清楚此刻对方心里在想什么。

海明威在写作

九个月后,便传来了海明威的死讯。

一个人的精神活动由有意识和无意识两部分组成,这其中,有无意识只占很小的部分,而真正的决定因素是无意识部分。它就像隐藏在大洋底下的暗流,无时无刻不在激烈地涌动。为了能够更加清晰地表述二者之间的作用,弗洛伊德曾经系统地做过一个分析,第一是本我,本我处在意识的最底层,属于无意识,它来自于性以及性冲动。但是性是原始的本能,不受任何逻辑、思想、道德习惯的制约,它真实表现本质的欲望,并在意识深处总是以追求平衡的状态出现,而本我意识的是否平衡,就能够决定人的情绪是否愉快。

自我所代表的是意识层,是有意识的思想,它总以清醒的状态面对现实,对本我的冲动加以约束和控制,以便能够更好地把握与自然和环境斗争的能量。

除了本我和自我以外,还有第三种状态,就是超我。超我指的是在原始的本我状态下,产生性冲动以后,由自我对其进行反省,然后向道德、宗教和审美等理想形态的升华,这是一种代表着道德意识和思想规范的一种意识。

弗洛伊德认为,本我、自我和超我是精神世界的三大状态,它们之间一直相互渗透、相互制约、相互转换着。在这个转换的过程中,无意识的主流意识最强大,而意识的作用是微弱的,后者在很多情况下,非但起不到制约的作用,反而会被前者的本我意识所支配。

珠光禅师论茶道
表现了分析美学的语言风格

从分析哲学里分流出来的"逻辑分析哲学"与"语言分析哲学"两大体系中,分析美学主要偏向于后者,因为它是从语言的角度来分析美学问题的。

在日本,有一个很出色的禅师,叫珠光。珠光悟性很高,尤其是在一休门下修行的时候,进步很快,可是他有一个毛病,就是爱打瞌睡。特别是在坐禅的时候,大家都在聚精会神地诵经,可是他却不知不觉睡着了。这样的事情发生了很多次,他觉得很难为情,于是就到处求医,希望能治愈这个毛病。

有个大夫告诉他:"茶可提神,不如你早晚各喝一碗茶,或许能对症。"

珠光听从了大夫的建议,于是开始饮茶,这个办法果然奏效,从那以后,珠光打瞌睡的情况就很少发生了。不仅如此,他在喝茶的过程中,还逐渐摸索出一些规律,比如有的茶苦,有的涩,有的适宜细酌慢饮,喝下去回味悠长,而有的则解渴清肺。珠光在茶中慢慢地寻找规律,并制订出好几套茶规茶道。

一天,一休来找他,向他问道:"你认为喝茶最好是什么心情?"

"我们喝茶的时候,应当抱着一种平心静气的心态,这样最宜。"

这时候,侍者递给一休一碗茶,可是一休刚接过来,就将茶碗狠狠地摔在地上,茶碗碎裂,茶水洒地,侍者大惑不解,而珠光却见状不语。

一会儿,珠光站起身欲走,这时一休叫住他:"珠光,以你刚才所说,现在你该以哪种心情喝茶?"

"喝的是茶,品的是世间百味。"

珠光的只言片语,让一休顿时明白了,眼前这个曾经很爱打瞌睡的珠光此时是真的开悟了。于是,他宣布珠光修行完毕,圆满出师。

在二十世纪英、美及欧洲各国的美学流派中,分析美学一直占据主流位置,即便是处于现

茶道

代美学的当今社会,它的作用也是举足轻重、不可忽视的。

从传承的角度来看,分析美学继承的是盎格鲁·撒克逊的思想理论。它的发展轨迹是这样的:从定义上来说,分析美学算不上是哲学,只能算是解决和解释哲学问题时可以套用的一种模式。从分析哲学里分流出来的"逻辑分析哲学"与"语言分析哲学"两大体系中,分析美学主要偏向于后者,因为它是从语言的角度来分析美学问题的。由于分析美学的加入,语言分析哲学的内容更加的完整和丰富。

分析美学的语言风格并不是统一的,语言哲学只是作为分析哲学领域的一个分支,与具有高度方法论意义的分析哲学有着天壤之别,不过因为分析语言的独特意义,它与分析哲学的其他学科一样,被传承保留下来。这可以表现在如下几方面:研究哲学的目的就是分析思想结构;思想的研究与思维的研究是两个截然不同的概念;对于思想的分析很大程度上就是关注语言的分析。

由此可见,分析美学主要是以分析语言的方式来论证艺术哲学的问题,它的关注领域受到哲学领域的限制,同时也证明了分析美学是分析哲学的一种套用工具的说法。

小知识

斯宾诺莎(1632年~1677年),荷兰哲学家、西方近代哲学史重要的欧陆理性主义者。斯宾诺莎认为,一个人只要受制于外在的影响,他就是处于奴役状态,而只要和上帝达成一致,人们就不再受制于这种影响,而能获得相对的自由,也因此摆脱恐惧。斯宾诺莎还主张无知是一切罪恶的根源。

第四篇
美的,更美些——美学分类

割草男孩打电话求证属于现象学美学的范畴

现象学美学认为作品是特殊的意向性审美客体。所谓意向性,是指这种客体是为了满足某种需求或者目的而特意创造出来的,它既不是单纯的实物,也不是单纯的意识,这种创造和现实有一定的关联,但又不属于同一类别。

卡西在大学里读的是心理学,因为家庭经济状况不是太好,所以他在业余时间靠打工来贴补生活。通过一个家政服务机构的介绍,他接受了一份修理草坪的工作。

这家的女主人态度很和蔼,但话很少。卡西工作的时候,她只是牵着自己的白色宠物犬在房子周围散步,偶尔也会远远地坐下来看着。

卡西平生第一次打工,心里不免有些紧张,怕自己做得不好会遭到女主人的嫌弃。他经常偷偷观看女主人的表情,但是她只是看她的爱犬,别的什么也不说。

这天早上,卡西突然冒出一个想法。他从床上坐起来,拨通了枕边的电话,"嘟,嘟"几声过后,那边就有人接电话了。

"哈啰。"一听这声音,就知道是女主人。

"您好,我想问一下,您那里需要一位割草工吗?"

"我已经有割草工了。"

"是这样的,除了修整草坪以外,我还可以铲除花园那些野生的杂草。"

"这些工作我的割草工也都做了。"

"我还会修剪花朵植物的枝杈,让它们看起来更协调和优美。"

"这些都不用了,因为我的割草工把这一切都做得很好。"

"那好吧!太太,看来你有了一个很优秀的割草工。"

"是的,我所能想到的,他全做到了。"

放下电话,卡西如释重负。这时他的室友问他:"你不就是在她家做割草工吗?"

"我打电话给女主人,不过是让她肯定一下我的工作做得有多好。"说完,卡西把手边的一本书扔上去又接住,然后满意地笑了。

现象学美学认为,作品是特殊的意向性审美客体。所谓意向性,是指这种客体是为了满足某种需求或者目的而特意创造出来的，它既不是单纯的实物，也不是单纯的意识，这种创造和现实有一定的关联，但又不属于同一类别。

现象学美学所重视的是作品的存在方式和结构，波兰美学家把作品分为声音、意群、系统方向和意向性四个结构层次，这四个层次首尾相连，既互相照应，又互相制约，构成一个完整的体系。意群指的是作品整个的意义系统，系统方向指的是作品所要表现的层面，意向性指的是作品被图式化的各个图像层。

从作品虚拟的结构来说，它包含了很多不确定因素和一些假设性的空白点，这是它与现实世界时的区别。而现象学美学注重作品与读者的关系，要求读者在阅读作品的时候，对这些虚拟的因素加以分析、填补和重建，以使作品所要表达的意思清晰化、具体化。但是这个填补和重建的过程不是随意的，它要遵循作品四个层次的限制，不能偏离这个界面。

这种方式给西方的美学研究产生了不可估计的影响，并由此开启了解释学美学和接受美学的大门。

现象学美学既不追求用传统的审美方式来把握作品，也不采用心理美学的方式来归纳作品，而是凭着一种特殊的感觉——直觉来审美。尽管现象学美学表面上与美学关系异常亲密，但是由于现象学本身就不是一个统一的哲学流派，所以现象学美学也是多面化的。

小知识

马丁·路德(1483年~1546年)，十六世纪欧洲宗教改革倡导者，新教路德派创始人。该教主张"唯独因信称义"，即认为人是凭信心蒙恩得以称义，人们可以无惧地站在上帝面前，不必恐惧罪恶、死亡和魔鬼，也不必因相信自己是有功才得救而骄傲。

第四篇
美的,更美些——美学分类

雨果和歌德用书信验证符号论美学

二十世纪五六十年代,在法国的哲学家卡西尔给符号学制订的结论中,认为符号是由人类来创建的,人们在日常生活中,通过符号来了解环境、反映生活、把握世界。

维克多·雨果是法国浪漫主义作家,是人道主义的代表人物。他几乎见证了十九世纪发生在法国的所有重大变革,因此他的小说具有鲜明的超现实主义色彩,语言尖锐,充满讽刺与批判,尤其是《悲惨世界》。这部作品写的是一个叫冉·阿让的穷孩子,为了救活姐姐的孩子而去偷面包,不幸被当场抓住,因此被送进监狱。又因几次逃狱不成而被加重刑期,多判了十五年,仅仅一块面包获刑十九年。这个可怜人出狱以后,生活虽有偶尔的转折,但是终究改变不了命运,最后一个人孤孤单单走完了一生。

这本书寄出去以后,很久都没有收到出版商的消息,雨果有些焦急,他用了一个极为含蓄的方式向出版商询问了一下,信是这样写的:"?——雨果。"

很快,他收到了出版商的回信,也是一个很含蓄的回答:"!——编辑部。"出版社用一个感叹号告诉雨果,这将会是一部惊世之作,已在出版。

用符号来代替语言并不是雨果的独创,十八世纪德国著名的剧作家、诗人歌德也曾经用符号与朋友交流。有一次,朋友寄给歌德一封信,打开一看,上面就一行字,写的是:"我很好,你的 N。"除此之外,信封里还有很多其他的纸张,但都是没用的废纸。

维克多·雨果

看到这样的信件,歌德欣慰地笑了,几天以后,他把一块石头放进信封里,然后附上一张字条给朋友回复:知道你身体很好,我心里这块石头总算落了地。

二十世纪五六十年代,在法国的哲学家卡西尔给符号学制订的结论中,认为符号是由人类来创建的,人们在日常生活中,通过符号来了解环境、反映生活、把握世界。

在苏珊·朗格的符号学理论中,吸收了卡西尔的情感逻辑,而摒弃了卡西尔理论中形式的一面,同时又博采众家之长,吸收了表现主义、直觉主义和精神分析学美学等诸家思想,希望能从科学以及艺术的角度中寻找一条途径,来解释艺术作品上一系列的难点和问题。

相对来说,卡西尔仅仅是从哲学的角度来解释艺术结构的本质,而苏珊·朗格则着力于研究艺术的创造及形成。

研究作品的创造性,就是对作品本质结构的进一步探索和发现,对它的研究有很重要的意义。首先用符号论来解释人类情感与生命的统一,一个完整的生命机体,它同时具有同化作用和新陈代谢功能,而一件艺术品要想达到激发人类心灵美感的效果,就要变成一个与生命本身具有相似特征的形象,使艺术作品变成一个投影或者是符号展现在人们面前,以情感的形式把它描绘出来。

世界上能够代替生命进行展现和表达的符号,与被表达对象之间都只是一种相似的关系,人们所注重的只能是这两者之间。所以说,用来建构表现艺术的形式或者是艺术品本身,与被表现对象之间,也只是一种象征性的关系。

小知识

鲁道夫·卡尔纳普(1891年~1970年),美国哲学家,逻辑实证主义的主要代表。他受罗素和弗雷格的影响,研究逻辑学、数学、语言的概念结构,是经验主义和逻辑实证主义代表人物。其主要著作有《世界的逻辑构造》、《语言的逻辑句法》、《语义学导论》和《逻辑的形式化》等。

小提琴的故事
体现了海德格尔存在主义美学的观点

一件成功的艺术作品,本身应该具有被表现的事物的特性和要素,这是最基本的构成部分,除此之外,还要有超出或者是高于物性本身的东西,这才是艺术的根本。简而言之,就是要在作品中寻找到这样的真理。这里所谓的真理,不是传统哲学上的真理,而是一种"存在"的显现,这种显现不需要作者故意置入,而是经由自动的存在而主动显现。

有一天,韦恩·卡林的父亲把他叫到起居室,交给他一把崭新的小提琴,并对他说:"一旦你学会了,它就会陪伴你一辈子。"

后来母亲告诉他,这把小提琴是祖父买给父亲的,可能是由于农场的工作太忙碌了,他从没有学过拉琴。父亲对此怀有深深的遗憾,所以才对他说了那句话。韦恩·卡林努力想象着父亲粗糙、布满老茧的大手放在雅致精美的小提琴上会是什么样子。

接着,父亲把韦恩·卡林送到了小提琴学校。老师要求他每天练习拉琴半小时,这对他来说,无疑是一种折磨。韦恩·卡林满脑子想的是如何偷懒,他给自己设计的未来,就是到广阔的草地上尽情地踢球,而不是憋在狭小的房间里,学习那些过目就忘的繁琐曲子。可是他每次从琴房逃走,都被他的父母毫不留情地捉回,然后送到学校练琴。

也许是熟能生巧,过了一段时间,连他自己也很吃惊,他竟然能够将那些简单枯燥的音符连在一起,拉出一些简单的曲子了。为此,在晚饭后,父亲经常躺在安乐椅上,要求他拉上一两首曲子,既是对他的鼓励,也是一种无声的鞭策。他经常拉给父亲听的两首曲子是《啤酒桶波尔卡》和《西班牙女郎》。

一年一度的秋季音乐会很快就要到了,父亲要求他要在舞台上独奏。为此,他和父亲产生了分歧。

韦恩·卡林说:"我不想一个人独奏。"

父亲却坚定地说:"你一定要独自演奏。"

韦恩·卡林突然提高嗓音说:"为什么?难道就因为你小时候没有机会拉过小提琴?而我就得拉这蠢笨的东西,来为你实现梦想吗?"

小提琴的故事体现了海德格尔存在主义美学的观点

父亲听后并没有生气,而是意味深长地对韦恩·卡林说:"你一定要独奏,因为我相信你能把欢乐带给人们,你的琴声能触及到人们的心灵。这样的神圣礼物,我怎么会任由你放弃呢?"

停顿了一下,父亲又接着温和地说:"有一天你就会明白,你将会拥有我从未曾有过的美好机会,因为你将能为你的亲人演奏出非常动听的乐曲,那时你自然就会知道现在所有努力的深意。"

父亲的话让韦恩·卡林沉默不语,他还是第一次听到父亲这样动情而深刻地谈论这件事情。他体会到了父亲的良苦用心,从此加倍练习,再也不需要别人督促了。

音乐会开始前的晚上,母亲前所未有地精心化了妆,戴上熠熠发光的耳环和项链。父亲也早早赶了回来,穿上了平时舍不得穿的西装,并打上了一条鲜艳的领带,还用发油把头发梳理得油光滑顺。

来到剧院,韦恩·卡林这才强烈意识到他是多么迫切地渴望父母为他骄傲和自豪。轮到韦恩·卡林上台演出时,他拉起《今夜你是否寂寞》的曲子,并且演奏得忘情而投入。演奏完毕,全场立即响起了雷鸣般的掌声,直到大多数掌声都已平息,韦恩·卡林看到父母的双手还在拍着。

这时他才感受到艺术的强大魅力,此刻他又想起了父亲的话:"能够抚慰你所爱的亲人的心灵,是送给亲人最珍贵的礼物。"

海德格尔认为,传统的哲学,其错误在于混淆了存在者和存在是无根的本体论。这种原则的弊端,就是造成了主体与客体之间的对立,以及人与世界的距离。这种把一切事物都当做可以掌握的对象来占有的原则,最终促成了社会上物欲横流、人性丧失的发展状态。海德格尔的哲学,所反对的就是这种形而上学的传统观念,反对用一切手段来统治人类,主张人类彰显自己、恢复真实的自我本性。

在美学方面,他认为一件成功的艺术作品,本身应该具有被表现的事物的特性和要素,这是最基本的构成部分。除此之外,还要有超出或者是高于物性本身的东西,这才是艺术的根本。简而言之,就是要在作品中寻找到这样的真理。这里所谓的真理,不是传统哲学上的真理,而是一种"存在"的显现,这种显现不需要作者故意置入,而是经由自动的存在而主动显现。

艺术作品是人类用来表达世界观的手段之一,它并不拘泥于真实地反映现实生活。真正的艺术创作对于作者本身来说,永远是一件未完成的作品,它的隐喻是对读者的一种召唤,召唤读者把自己感情和灵魂与作品结合在一起,进而使艺术作品有了生命力。

托尔斯泰玩单杠玩出的社会批判美学

法兰克福学派虽然不否定科技在社会发展中所起到的作用,但是也并不认可这种作用给社会的发展带来了什么实际的意义。他们努力将马克思与弗洛伊德结合起来,进而形成自己独立一派的社会批判学理论,并把这种社会批判学理论称作是社会批判美学。

托尔斯泰经常在家里会见来访的朋友。

一次,一个青年来拜访他,托尔斯泰建议两人出去走走。在附近公园里,有一副单杠,青年为了显示自己敏捷的动作,随即跑过去双手握住单杠,一跃而起,上下连续做了几个动作,然后很优美地从单杠上落下来。

托尔斯泰对青年的利落动作很赞赏,年轻人说:"伯爵先生,对于你这样喜欢写作的人来说,恐怕不练习单杠吧?"

托尔斯泰微笑着走到单杠下面,用双手抓住单杠,只轻轻一跃,整个身体便架在单杠上面。他在单杠上面很轻巧地做了几个翻身,然后前回转、后回转,都做得很自如,当他从单杠上轻轻落地的时候,竟丝毫不气喘,惊得年轻人下巴都掉下来了。

托尔斯泰

其实年轻人不知道托尔斯泰是一个非常喜爱运动的人,不仅仅是单杠玩得好,他还喜欢骑马、游泳、打猎、划船等运动。

为了写作,托尔斯泰有时候会在农民家里一住就是半年。住在乡下的托尔斯泰就把自己当成是一个农民,跟他们一起盖房子、割草、挑水、锯木头等。

托尔斯泰对年轻人说:"一个人就好比是一个分数,分子是你自己实际的能力,而分母则是添加了幻想的能力。分母越大,分数就会显得越小。所以说,一个人对自己要量力而行,切不可妄自菲薄,否则的话,分数会变得小之又小,甚至到零。"

现代的科技进步,和随之而来的统治方式、社会制度的完善化会给社会造成一种没有对立面的状态,这样的状态就叫做"单向度"。单向度指的就是没有对立面,或者是没有否定面的社会。

《单向度的人》一书的作者是德国法兰克福学派的领袖人物之一马尔库塞。法兰克福学派虽然不否定科技在社会发展中所起到的作用,但是也并不认可这种作用给社会的发展带来了什么实际的意义。他们努力将马克思与弗洛伊德结合起来,进而形成自己独立一派的社会批判学理论,并把这种社会批判学理论称作是社会批判美学。

由于马尔库塞在自己的作品中不断的揭露和批判资本主义的弊端和问题,因而,在二十世纪六十年代末期,他与马克思一起被称为"学术运动的先知"和"青年造反者的领路人",《单向度的人》一书就是在这样的形势下完成的。

《单向度的人》的中心思想就是对整个西方国家的形式主义进行了批判。在书中,马尔库塞明确地提出,当代社会在技术力量与政治手段的双重机械化的管理下,其行为和意识已经趋于模式化,科学、技术、哲学、日常思维、政治体制和工艺等各个方面都成了单向度的。人们劳动时间缩短,变得好逸恶劳、贪图享乐,丧失了无产阶级的革命性,资产阶级与工人阶级不再对立,反而结为一体。马尔库塞强烈谴责和批判现代化的科技把人变成了劳动工具,因此,他建议整个社会有必要进行一场新的革命来改变这种现状。

小知识

赫伯特·马尔库塞(1898年～1979年),美国哲学家、美学家、法兰克福学派左翼主要代表,被西方誉为"新左派哲学家"。其著作有《历史唯物论的现象学导引》《辩证法的课题》《理性与革命》《爱欲与文明》和《审美之维》等。

海中救援
暗含着结构主义美学的原理

第二次世界大战期间,俄国形式主义思潮被雅克布森传播到东欧,与索绪尔的语言学、胡塞尔的现象学和德国哲学家卡西勒的象征形式哲学结合起来,形成最早的结构主义美学萌芽。

这是发生在荷兰一个渔村的故事,这个故事让我们懂得了什么是爱、什么是奉献。

这是一个非常偏僻的渔村,村里的人世代靠打鱼为生,海上风暴无常,有的家庭为此失去了亲人,十六岁的男孩汉斯的父亲就是在十年前的一次船难中丧生的。

因为时常有海难发生,所以村里自主组成了一支紧急救援队,以保证在危急时刻,能够尽快搭救遇险的村民。

大海的脾气是反复无常的,在这个没有月色的夜晚,海上又刮起了大风。大风吹得桅杆毫无秩序地摇摆,眼看渔船就要被掀翻,这时船上的船员向村里发出了求救的信号。

接到信号的救援队长赶紧组织救援,同时村民们也知道了海上渔船所处的困境,便跑到港口处,焦急地等待着。

一个小时以后,出海救援的队伍回来了。看到亲人安全归来,村民们都激动地跑上前去迎接,这时筋疲力尽的救援队长说:"那条船上还有一个人没回来,若再多载一个人,救援船就会有颠覆的危险,那样所有的人都活不成。"

谁去搭救这最后的那个人呢?这时十六岁的汉斯挺身而出,可是他的妈妈却死死地抓住汉斯的手臂说:"孩子,你不能去,你父亲早在十年前就去世了,现在你哥哥在船上又生死不明,万一你也有个闪失,我的日子可怎么过?"

说着,妈妈哭了起来。全村人都知道汉斯家的处境,也都劝汉斯不要去。但是汉斯主意已定,谁也改变不了他,他说:"总要有一个人去,大家都不去的话,那么这救援还有什么意义?如果大家都退缩,村民以后出海打鱼还有什么安全保障?"

汉斯架着救援船消失在漆黑的大海中,一个小时过去了,大家看到隐约从海边驶来一艘船。队长朝汉斯大声喊道:"汉斯,你找到剩下的那个人了吗?"

"找到了,告诉我的妈妈,那个人就是我哥哥保罗。"

海中救援暗含着结构主义美学的原理

勇敢的汉斯救回了自己的哥哥,同时也赢得了全村人的敬重。

第二次世界大战期间,俄国形式主义思潮被雅克布森传播到东欧,与索绪尔的语言学、胡塞尔的现象学和德国哲学家卡西勒的象征形式哲学结合起来,形成最早的结构主义美学萌芽。

结构主义美学属于形式主义美学的范畴,是利用语言本身的结构和模式,来解释文学现象的一种美学思想,它并不关注作品中展现的客观世界,而是针对作品的语言和信息功能进行研究,进而定义出文字的结构、质量,继而再定义出作品与社会、作者与读者的关系。

结构主义美学的代表人物是谢克洛夫斯基、R.雅克布森和托马谢夫斯基等,在他们看来,一首好的诗歌就是一篇好的文章,其精彩之处就在于语言结构的处理,它包括语言词汇的运用和修辞技巧的安排。真正的美学所研究的是怎样表现,而不是要表现什么。结构美学的思维方式就是要打破那些守旧的欣赏习惯,克服那些麻木消极的理念,灌输新的思维,提高人们的审美情趣,努力发展和调动人们的审美意识。

二十世纪六十年代,在法国人类学家克劳德·利瓦伊·史陀对原始部落社会中的社会现象与社会意识的研究中,就套用了结构主义的语言学,进而创建了结构主义人类学。

小知识

卡尔·马克思(1818年～1883年),政治家、哲学家、经济学家、革命理论家,马克思主义的创始人。他最广为人知的哲学理论是他对于人类历史进程中阶级斗争的分析,并大胆地假设资本主义终将被共产主义取代。其主要著作有《资本论》和《共产党宣言》等。

第四篇
美的,更美些——美学分类

罗梅尔拥有的不是马克,是艺术美学

艺术美学也叫艺术哲学,是哲学的分支,它的论点是以客观的唯心主义为立足点,主张艺术和美都是对事物本身的一种象征和表现。在满足哲学艺术所规定的条件里,所有的作品都呈现出一种绝对的永恒美感,这就是绝对艺术。

2001年,欧元正式在金融界流通,它将取代欧洲货币联盟各成员国的货币。与此同时,意大利里拉以及德国马克等都将退出金融舞台。

回收回来的马克将放在哪里呢?德国央行最初的想法是把这些已成废纸的马克用碎纸机粉碎,然后焚烧。

当时在德国有一个喜欢色彩设计的艺术大师,名叫罗梅尔。他对颜色和图案非常感兴趣,有一次,他外出讲学的时候,看到当地人用树叶创作的色彩斑斓的几何图形,便给了他很大的启发。回到家以后,他就想,能否利用废弃的马克进行艺术创作呢?因为马克本身就有独特的色彩,如果加上精心的设计,肯定会有意想不到的效果。

考虑成熟以后,罗梅尔向央行提出利用马克进行创作的要求。虽然当时马克已经被切割成纸屑,属于毫无用处的东西,但是罗梅尔的计划依然让央行的工作人员吃了一惊。为了证实自己的目的,罗梅尔不得不向他们出示自己的获奖证书,以及带领他们到自己曾经举办过画展的地址去看。经过一系列的证实,央行最后终于相信,罗梅尔索要粉碎的马克的确是用来进行艺术创作的,他们派了保安,把十亿马克的碎屑送到了罗梅尔临时找来的废弃厂房里。

罗梅尔首先把这些碎屑压制成砖头大小,它们一块一块堆起来简直像一座小山。然后,罗梅尔就经常在空暇时来到厂房内,用小剪刀、胶水以及镊子等工具,开始了想象中的图案创作。

那些本来没有生命的碎屑,经过罗梅尔的精心安排,便又重新焕发了生机,以另一种形态呈现在人们面前。想想这些碎纸币曾经给人们带来过那么多的希望、痛苦和梦想,如果就此变为灰烬,那就太可惜了。

而用另一种形式把它们的生命重新呼唤出来,既是对艺术的升华,更是一种对生活的纪念。

罗梅尔拥有的不是马克，是艺术美学

罗梅尔的构思得到了很多人的响应，不久，就有几位银行家上门找他谈收购的问题。

艺术美学也叫艺术哲学，是哲学的分支，它的论点是以客观的唯心主义为立足点，主张艺术和美都是对事物本身的一种象征和表现。在满足哲学艺术所规定的条件里，所有的作品都呈现出一种绝对的永恒美感，这就是绝对艺术。

德国哲学家弗里德里希·谢林说过，包含理念的审美活动就是最高的理性活动，只有在这样的理性审美状态下，才有可能发现感知真、善、美的存在。

而所谓的美，正是把科学的真实性和道德的善良性结合在艺术当中，这也就是艺术立于哲学之上的原因所在。哲学家们领悟宇宙的神秘和世界的真、善、美，是在对艺术的审美当中，而不是在数学逻辑的演算当中。

在艺术哲学所提出的构造说里，宇宙是一个绝对的精神领域的宇宙，也叫宇宙精神。在这种绝对状态的作用下，艺术家们的创作是源于天赋、本性，是满足于自己的创作冲动。

但是这种天赋是上帝赋予的，而艺术哲学倡导者正是要突破和摒弃这样的感性认识，而将其与无限的宇宙本身相结合。只有这样，才能更有力地把握生存的根本，而也由此实现了艺术与美的本质在于体现"绝对同一性"的真与善、制约与自由、现实与理想、感性与理性的统一的基本论点。

在美学史上，艺术哲学自有它一套形成原则，首先从感性延伸到精神，然后再逐步延伸，超越物质。同时它被分成两大派系，一种是现实，包括音乐、建筑、绘画和雕刻等，而另一种是理想，以文学的抒情方式来表达，包括诗歌、戏剧、史诗等。

小知识

奥古斯特·孔德（1798年～1857年），法国著名哲学家、社会学的创始人。他认为人类社会有统一性，人性中的感性是推动社会发展的动力，人性中的才智则是推动社会发展的工具。理想社会应该是企业家或科学家当主管，用科学来指导生活，没有战争，很有秩序的工业社会。

爵士乐歌手击打出暴力美学

"暴力美学"起源于美国,其根本特征是利用一些暴力手段,来展现人性暴力的一面或者是表现暴力行为。它的另一种表现形式是,将其符号化,但是却被作为影片或者是艺术作品的审美要素,跟作品紧密地链接在一起。

某天傍晚,在美国田纳西州孟菲斯城郊小镇的路边,爵士乐歌手拉扎勒斯救起了一个半裸着身体的女孩。她被人打得遍体鳞伤,已经奄奄一息,经过一番辨识,拉扎勒斯认出了这个受伤女孩,大家都叫她雷,她就是小镇上臭名昭著的、拼命追逐男色的色情狂,常常在滥交舞会上,向那些浪荡的男人投怀送抱,并为此受到了人们的唾弃。

对于拉扎勒斯来说,他从内心里就清楚,即便雷的行为如何令人不齿,可是她也是有尊严的人。遍体鳞伤、羸弱无助的雷,唤起了他的内心深处那颗同情心,并且触景生情,想起了自身的际遇:刚刚破碎的家庭、不幸的婚姻、妻子的背叛……这一切,仿佛雷电般击碎了拉扎勒斯的自信,令他几乎失去了生存下去的勇气,灰色的天空,如同他灰色的心情。

拉扎勒斯必须要鼓起勇气,彻底抛弃这些对生活不幸的痛苦记忆,为此他必须敞开胸怀,大胆地迎接命运的改变,哪怕这些改变会给人带来阵痛。要改变,就需要机遇的眷顾。这个女孩的出现,恰如天空中的雷电,瞬间在拉扎勒斯的内心点燃了改变现状和重新生活的勇气。他毅然决定帮助雷摆脱过去那种近乎病态的生活,达到自我救赎。

因为精神的病态,导致了雷有着无法满足和遏制的高亢肉欲,为了控制雷不再放纵自己堕落下去,不再吸食毒品般对滥交舞会上瘾,拉扎勒斯用一把铁锁把雷锁在了自家厨房的一个自来水管上。

两个人在一起生活了一段时间,经过相互的了解,彼此开始信任对方,雷终于对拉扎勒斯倾吐出了心里话。她的童年充满了悲惨和不幸,很小就遭到了男人的强暴,使她的心灵受到了极大的伤害,内心充满了恐惧和痛苦。她沉迷肉欲并非来自心甘情愿的享乐和堕落,而是她实在无法控制自己,只有经由与陌生男人无休止地做爱,才能消解她内心深深的恐惧和无尽的痛苦。小镇的人们无法了解她的内心,没有人理解她的病情,所以都把她当成了一个色情狂。

四处寻找温暖和关爱的雷,也曾遇到对她关心体贴的男友罗尼,但不幸的是,罗尼服兵役的时候,却战死在伊拉克。如此沉重的打击,更加让雷对生活自暴自弃。

各自拥有不同的辛酸往事,让两颗孤独的心,互相依偎,互相温暖。在人生的十字路口,拉扎勒斯为雷弹起了吉他,他用自己凄楚的嗓音和吉他的旋律,释放着两个人积压心底的伤痛,表达着对雷深沉的爱。

就这样,拉扎勒斯拯救了雷,同时也彻底地解救了自己的灵魂。

"暴力美学"起源于美国,其根本特征是利用一些暴力手段,来展现人性暴力的一面或者是表现暴力行为。它的另一种表现形式是将其符号化,但是却被作为影片或者是艺术作品的审美要素,跟作品紧密地链接在一起。暴力美学被大量运用于武打片中,导演努力表现枪战、追击、打斗的激烈场面,致使这种形式上的表现能给人们带来强烈的震撼,进而达到期望的票房收入。

"暴力美学"在追求效益的同时,忽略了艺术品的道德功能和社会影响。特别是早期的武打电影,它的特征主要是用一些极为夸张的、常人难以接受的暴力行为,来展示攻击力度。暴力美学是将主体意识弱化了,而注重的是对暴力细节的处理和展现,反映出一种反对经典、反对主体创作意识、反对精英主义的现象。

暴力作品以两种形式存在,一种暴力在经过社会的改造以后,已经削弱了原有的攻击性,许多血腥的场面已经隐去了,做到点到为止,比如枪战片,观众只看到子弹,而看不到死者狰狞的面孔,进而也就减弱了对社会的危害性。而另外一种暴力,是以直接展现暴力行为和血腥场面为主,它所要求的是暴力场面能够带给人的刺激感觉。这两种暴力方式所表现的形式不同,审美的价值也不同,所以给社会带来的效果也不同。

现在的武打片受暴力美学的影响,对武打动作也趋向于舞蹈化、抒情化和表演化,这种视觉上毫无恐怖可言的观赏性暴力,实际上是从人性的角度削弱了暴力的残酷性。

小知识

乔治·桑塔耶拿(1863年～1952年),西班牙著名自然主义哲学家、美学家、美国美学的开创者,同时还是著名的诗人与文学批评家。其主要著作有《美感》、《诗与宗教的阐释》、《怀疑论与动物信仰》和《存在领域》等。

牛仔裤的发明
体现了印象主义美学

　　印象主义美学是十九世纪末到二十世纪初流行在法国以及欧美，后来流传到世界的一种文艺思潮。

　　很多人都知道美国西部淘金热，当年的利瓦伊斯也像很多年轻人一样，带着发财的梦想，加入了淘金的队伍，开始去西部淘金。当他跟随人们走往西部的半路上，一条宽阔的大河挡住了他们的去路。面对突如其来的困难，梦想淘金的人们做出了不同的选择，有些人绕道而行，走更远的路去追寻目标；有的人选择了退缩，打道回府；更多人不甘心就此失败，但又不愿绕道而行，便停留在河边抱怨个不停。

　　面对阻住去路的汹涌河水，利瓦伊斯的心情慢慢平静了下来，他突然想起曾有人传授给自己一个"思考制胜"的法宝，于是陷入思考："棒极了，真是上天的眷顾，如此美妙的事情竟然降临在我的身上，这是上帝又给了我一次成长的绝好机会。任何事情的发生，必有其因果，有弊就有利，无论什么困难出现，对我来说都是帮助。"原来，经过缜密的思考，利瓦伊斯面对宽阔的河面，突然闪现出一丝创意的灵感，这么多人要过河，为什么不做摆渡生意呢？于是，利瓦伊斯做筏弄舟，开始在大河上做起了摆渡的买卖。任何人也不会想到，怀揣淘金梦的利瓦伊斯，淘到的人生的第一桶金竟然是因为大河挡道而意外获得的。

　　做了一段时间的摆渡生意后，去西部淘金的人逐渐减少，他的买卖自然也就跟着开始清淡。这时候他毅然决定放弃，继续向西行，追随淘金队伍前往西部淘金。他到了西部后也毫不犹豫买了一块地，开始了他的淘金梦想。但没过多久，就来了几个恶汉，用毋庸置疑的口气对他吼道："哪来的浑小子，滚开这里，别来侵犯老子的利益，老子的拳头可不是吃素的。"

　　面对蛮横的恶势力，势单力薄的利瓦伊斯只好不情愿地离开自己刚刚开始充满希望的淘金地。每次遇到挫折，他都会想起那个"思考制胜"法宝，此刻他经过认真观察思考，又发现了一个不错的商机。他发现西部人多、黄金多，但水很少，很多人饮水很不方便，就抓住这个机遇，做起了贩卖水的买卖。

　　众人皆知，当时的美国西部没有法律，只有武力，利瓦伊斯的发现，不过是戳破了窗户纸，人们很快就明白了他的生财之道。于是，他再次被人用武力胁迫，抢走了生意。

　　接连遭受失败的利瓦伊斯，早已有了承受压力的能力，他默默地接受了现实，开始了新一轮的观察和思考。而这次,他的目光聚焦到了西部淘金人穿的裤子上。

经过仔细的观察,他发现淘金人的裤子在高强度劳动下极容易磨损,而涌入西部的淘金人太多,人们都是支起帐篷露营,这样就有了很多废弃的帐篷。坚信"总有机会"的利瓦伊斯,开始在这些废弃的帐篷上做文章,他把这些帐篷收集起来,洗得干干净净,经过一番精心设计,裁剪缝纫出了世界上第一条用废旧帐篷布缝制的裤子,这就是至今风靡世界的牛仔裤。

从此,利瓦伊斯走上了一条通往"牛仔裤大王"的康庄大道,成就了西部淘金的另一个传奇。

印象主义美学是十九世纪末到二十世纪初流行在法国以及欧美,后来流传到世界的一种文艺思潮。

十九世纪,官方学院派主宰和控制着法国的画坛,但是到了十九世纪后半叶,很多新青年的创新画作由于受到官方旧制度的审查,所以很难在官方活动中展出。为了走出这个困境,他们经常私下里悄悄集会、交换意见,希望为自己的艺术生命找到一条新出路。

新青年的画作个性鲜明,这些画家虽然在观点和技巧上都相近,但是他们的画又没有一个特定需要遵守的原则,主要是表现纯粹的光的关系和特征。

马奈的代表画作——《吹笛少年》

在马奈的艺术观点中,突破性地改变了画家以题材为中心的创作方式,而主张把绘画的要点放在颜色和形体上。与此同时,西方的莫内、毕沙罗、雷诺阿、西斯里和巴吉尔等画家,也都在自己的风景画作品里力求突破旧的表现手法,用更直接的方式来表现光和色。印象学派认为,颜色绝不是物体的颜色,更不是物体原有的特征,它是光的作用,使物体反射出色彩的一种光线。在这样观点的影响下,画家们开始发现,许多物体的颜色并不是一成不变的,在不同时间段所呈现出来的颜色也是不一样的,画家笔下的物体笔触简短明了,看起来仿佛是一堆混乱的颜色,其实这恰恰能够最有力地表现色彩。在印象派的启发下,他们的绘画艺术不再注意感情色彩和文学特性。

小知识

特奥多尔·李普斯(1851年~1914年),德国心理学家、哲学家、美学家。在美学方面,其最为著名的理论是美感享受中的移情作用理论。他认为审美快感的特征在于审美对象受到审美主体的"生命灌注",而自我产生欣赏的心理活动。其代表作是《空间美学》。

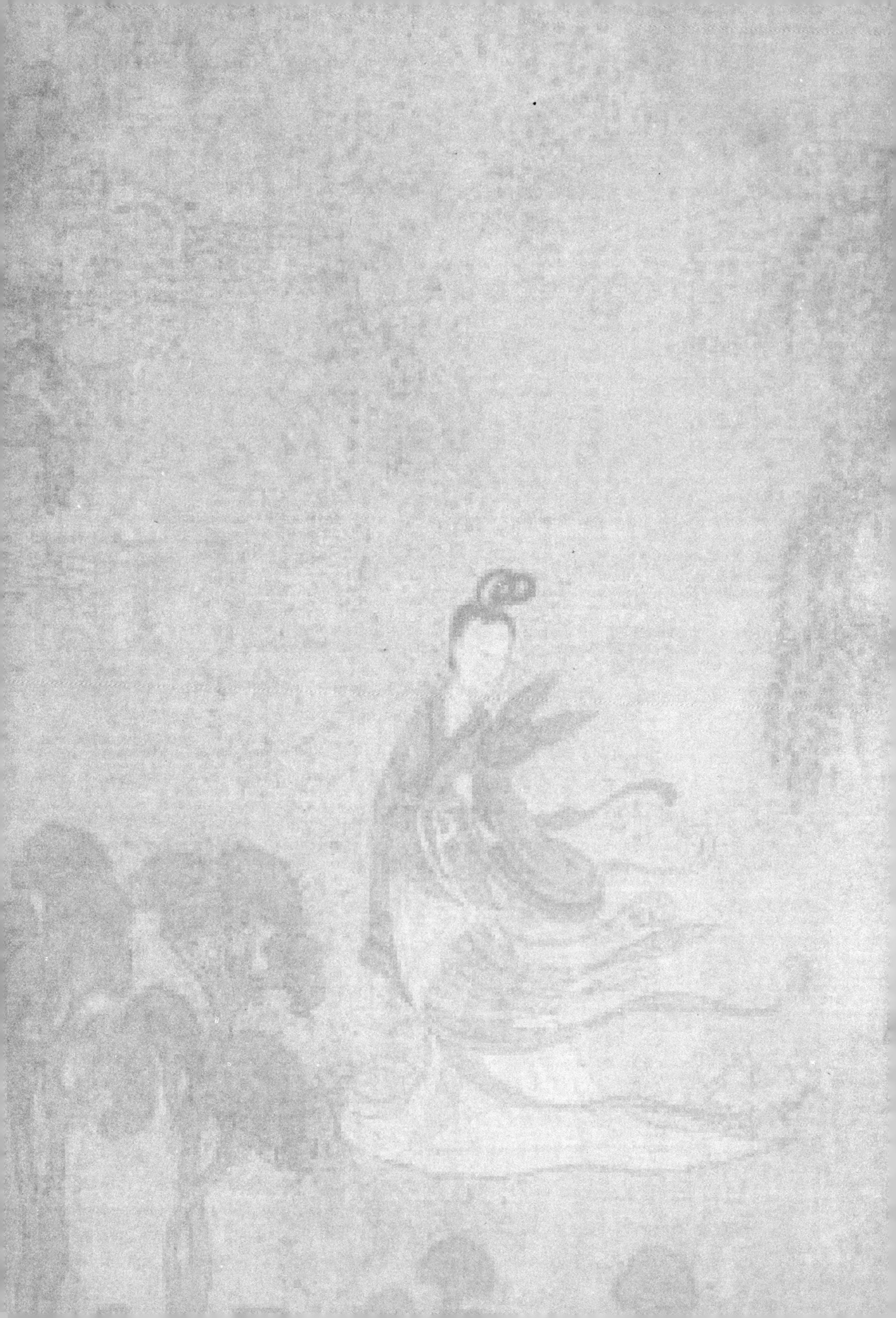

第五篇

让人生更美的使者
——一睹历代美学大师的风采

第五篇

让人生更美的使者——一睹历代美学大师的风采

苏格拉底对美学的初探

苏格拉底的美学思想,体现于他提出的著名论题——"美德就是知识"。其涵义在于,一个人的美应当从知识上反映出来,而知识又是经由认真思考获取的,而不是独断妄断的结果。

苏格拉底是雅典著名的哲学家,他相貌平平,语言朴实,但是他那些极富哲理性的思想,却给后人留下了无穷的精神财富。

苏格拉底一生勤奋节俭,他喜欢帮助穷人,同时讨厌那些为富不仁、说话出尔反尔的人。

一次,有个邻居找他借钱,他知道这个邻居平时好逸恶劳,是一个借钱不还的赌徒,就没有借给他。这个邻居回去以后,说了很多苏格拉底的坏话,说他小气吝啬,还说他不过是打着恩惠的招牌,其实是为了满足自己的虚荣罢了。

当家人把这些话传给苏格拉底的时候,苏格拉底摇摇头说:"这个人外表看起来健康,其实他的思想早就染了重病,已无法挽救,我怎么能在乎一个病人说的话呢?"

约公元前 399 年,苏格拉底因"不敬国家所奉的神,并且宣传其他的新神,败坏青年和反对民主"等罪名被判处死刑。在收监期间,他拒绝了朋友和学生要他乞求赦免和外出逃亡的建议,饮下毒酒自杀而死

很多人都钦佩苏格拉底独特的思想以及那些闪着火花的智慧,特别是那些思维活跃的年轻人,他们离开自己的家乡来投靠苏格拉底,所以苏格拉底的那间小房子里,经常充满着爽朗的笑声。

他的邻居问他:"你不觉得你的房子太小了吗?你和朋友们每天都挤在里面,不感到憋闷吗?"

"我的房子小吗?我从来都没有这样的感觉。你看那些权贵们的大房子,每天也是人来人往,但是一旦失去了权势,那些人就都没有了。我的房子虽小,但是来的都是我真正的朋友,因为他们从来不曾嫌弃过我的穷困。"

有一段时间,他的朋友因为都很忙,就不怎么来找他了。邻居觉得他的日子突然变得这么安静,会很不适应,可是当看到苏格拉底时,却发现他依旧是一副乐观的模样,就问他:"你的朋友都不来找你了,没人陪你说话,你不感到孤单吗?"

苏格拉底说:"你看我这屋子里到处都是书,每一本书都是我的朋友。生活中的朋友走了,可是书籍里的朋友永远都在,所以我永远都不会感到孤独和寂寞。"

什么是美?知识就是美,品德就是美。苏格拉底的美学思想,体现于他提出的著名论题——"美德就是知识"。其涵义在于,一个人的美应当从知识上反映出来,而知识又是透过认真的思考获取的,而不是独断妄断的结果。

在苏格拉底的哲学理论中,人之所以会有一些丑恶的行为,是因为他们天生不具备分辨善、恶的能力,而不是故意而为。很多人都认为苏格拉底的理论有些违背现实的规律,可是他们忽略了,苏格拉底的理论恰恰是从平常生活中得来的。

世界上的善、恶、美、丑都是相对而言,如果你适应它,那么它就是美的,相反地,你若不适应,它就是丑的。但是人们分辨善、恶的标准有时候是会转移的,从这个角度上来说,所谓的美与丑既不是永久的,也不是绝对的。拿一件事情来说,如果你把它处理得非常好,带来了很理想的效应,那就是美的。反之,这件事无论起因多么善良,如果办砸了,得来了恶果,那它无疑就是丑的。

如何才能让一件事情按照理想的目标发展,进而达到我们所期望的目标呢?最好的办法就是充实自己,只要自己具备了分辨善、恶的能力,有了驾驭和扭转善、恶的本能,那么给人的印象和感觉就是美的。

小知识

德尼斯·狄德罗(1713年~1784年),十八世纪法国唯物主义哲学家、美学家、文学家、教育理论家,百科全书派代表人物,第一部法国《百科全书》主编。除主编《百科全书》外,他还撰写了大量著作,如《哲学思想录》、《对自然的解释》、《怀疑者漫步》、《论盲人书简》、《生理学的基础》和《拉摩的侄儿》等。

柏拉图建构第一个美学体系

在柏拉图的美学理念中,一个整体的美是由美本身的理论、分有说和回忆说三部分组成。美本身,就是指美的自身,也就是理论上的美;分有就是指一件事物本身对美所含的分有;而回忆,顾名思义就是说我们时常对一件事物产生的一些追忆。

在希腊语里,"柏拉图"是宽阔的意思。小时候的阿里斯托勒斯因为身体强壮、胸宽肩阔,所以他的父亲为他改名为柏拉图,这也就是后来成长为希腊著名哲学家和思想家的柏拉图。

柏拉图一生从事教育,他向学生们提问题,然后引导他们进行思考、分析、归纳、综合、判断的方式,让学生们自己得出问题的答案。所以说柏拉图的教育是启迪、诱导性的,而不是生硬的灌输。

一次,柏拉图带领学生们到麦田去,当学生问道:"老师,什么才是真正的爱情?"

柏拉图说:"这田里有很多即将成熟的麦穗,你去摘一个最大、最饱满的来,记住,你只走一趟,不许返回。"

学生按照老师的话去做了,满眼的麦子,望不到尽头,在微风中轻轻颔首,仿佛告诉学生,我们就是最饱满的那个。可是那个学生并没有理睬眼前的,他觉得后面肯定还有更好的,就一直往前走。眼看走到头了,好像后面麦子也不比前面的好多少,但是老师规定不可回头,学生只得空着手回来了。

"这就是爱情,当你一心想着找个最好的,那么你已经错过了最好的。当你发现自己的错误时,后悔已经晚了。"

学生又问道:"那什么是婚姻呢?"

柏拉图告诉他说:"你到森林

意大利杰出的画家拉斐尔所画的《雅典学院》,是以古希腊哲学家柏拉图所建的阿卡德米学园为题,以古代七种自由艺术——即语法、修辞、逻辑、数学、几何、音乐、天文为基础,以表彰人类对智慧和真理的追求

去,砍一根大树回来,因为你的家里要用它来做桌子。记住,规则跟刚才一样,只走一次,并且不能空手返回。"

进了森林,又是满眼的大树,学生想,这么大的森林,如果往里走,肯定还会有更合适做桌子的材料。抱着这个想法,学生越走越深,不经意间,他发现自己快要走出森林了。这时,他这才记起老师的话,不能空手而返,所以只得匆匆地砍了一棵,这棵树虽然不是理想中的,但是做张桌子还是可以的。

"这就是婚姻。"柏拉图看着有些丧气的学生,平静地告诉他。

在柏拉图的美学理念中,一个整体的美是由美本身的理论、分有说和回忆说三部分组成。

美本身,就是指美的自身,也就是理论上的美;分有就是指一件事物本身对美所含的分有;而回忆,顾名思义就是说我们时常对一件事物产生的一些追忆。

柏拉图之所以把美和理念联系在一起,实际上是提出了一个问题:那就是我们可以在大自然中、在日常的生产生活中发现美和感受美,可是却不知道这种美是怎样形成的,也不知道我们为什么会有这样的感觉。

人们通常把美看做是理所当然,生性本该如此,可是柏拉图却极为反对这样的说法。他认为,大自然中万物的起源,既有着自身存在价值,同时还影响着自然界其他事物的状态与价值。美与丑之间都有着特定的环境与条件,如果想知道美之所以会美的话,首先不妨给美做一个理论上的定义,然后寻找与定义相一致的东西,符合这个条件的就是美的,反之就是丑。只有找出它们之间的关联,才能解释事物本身所存在的这种状态,进而找出美之所以会美,丑之所以会丑的原因。

这个理论应当是健全的,作为一种先验的标准,美本身有它的极致性与自足性。因为这两种特征而使美本身高高逾越于世俗的残缺、猥亵与虚伪之上,与现实中的事物拉开一定的距离,从而形成一种价值上的张力。用一个具体的比喻来解释的话,美本身就好比是一个圆,几何的圆有着它特定的理论,而现实中的圆就从这里找到它存在的依据。

小知识

乔治·爱德华·摩尔(1873年~1958年),英国哲学家、新实在论及分析哲学的创始人之一。他把精神活动和这一活动的对象加以区分,并认为后者是前者之外的一种独立存在。其著作有《伦理学原理》、《伦理学》和《哲学研究文集》等。

第五篇

让人生更美的使者——一睹历代美学大师的风采

亚里士多德奠定了希腊美学的根基

亚里士多德曾用哲学的角度来解释什么是美,他说人的感官是最基础的,没有感觉的话,世间所有的美都无从谈起。而情感与理性之间也是相辅相成的,美好的情感有时会提高人的理性,帮助人们更深层次地发掘自己潜在的价值。

在古希腊历史上,除了柏拉图之外,还有另外一位伟大的哲学家,叫亚里士多德。亚里士多德既是柏拉图的学生,同时也是国王亚历山大的老师。

亚里士多德对推理产生兴趣是受了柏拉图的影响,但是阅读了大量的书籍后,他又摒弃了老师所持的唯心主义观点。他认为,要想了解人类生产生活的各个方面,就必须认真地研究,进而得出正确的结论。宇宙万物都不会被所谓的神灵所控制,反对无端地崇尚迷信和沿袭传统的主意与做法。

对于亚里士多德违背老师的理论而独创思想的做法,很多人不解,但是亚里士多德是这样解释的:柏拉图是我的老师,我爱他,但我更爱真理。

在柏拉图所有的学生当中,亚里士多德的表现应当是最为出色的。因为他的思想理论既有从老师那里学来的,也有自己分析总结得出的。所以在老师柏拉图眼里,他被看做是"学园之灵",意为学园的灵魂。

国王亚历山大也曾经是亚里士多德的学生,但是亚里士多德并没有留在自己学生身边享受美好安逸的生活,而是回到了大自然怀抱,继续从事自己的教育。人们把亚里士多德的教育称作是逍遥派教育法。

在雅典城外的丛林里,他们经常可以看到一位老者带领十几位学生,兴致勃勃地上课。在这样的环境下,学生们的心情是放松的,眼界是开阔的,他们可以向老师提各种问题,而不会像在课堂上那样,只局限于书本。

有一次,一个学生说:"老师,请您再讲

此图描绘了马其顿王亚历山大东征的最后一场战斗——联军和古印度波鲁斯王国的军队交战的场景。汤姆·洛弗尔的作品,由美国国家地理学会收藏

亚里士多德奠定了希腊美学的根基

一遍三段论的前提好吗?"

亚里士多德说:"三段论是由两个含有一个共同项的性质判断做前提,得出一个新的性质判断为结论的演绎推理。我给你举个例子吧!在我们希腊有这样一个谚语,如果你的钱在你的钱包里,而你的钱包又在你的口袋里,那么可以得出结论,你的钱一定在你的口袋里。"

亚里士多德集古代各种知识于一身,在他去世后几百年中,没有一个人像他那样对知识有过系统考察和全面掌握。在后人眼里,他的著作可以称得上是古代的百科全书。

亚里士多德曾用哲学的角度来解释什么是美,他说人的感官是最基础的,没有感觉的话,世间所有的美都无从谈起。而情感与理性之间也是相辅相成的,美好的情感有时会提高人的理性,帮助人们更深层次地发掘自己潜在的价值。世上万物不是一成不变的,但是这种变化有着它必然遵循的规律,我们有时候看到某种现象的出现,其实是它内在的本质起着决定性的作用。

因为是从哲学的角度来分析美的本质,所以亚里士多德虽然对美学上的理论有积极的一面,可是也同样有消极的一面。他的哲学观点经常在唯物主义与唯心主义之间徘徊,他虽然在论证的时候引用了很多物质上的东西,但是他的结论又往往被经学院的哲学观点所代替,这其实是自相矛盾的。

当然,从哲学的角度来研究美学,实际上是开辟了另外一个与柏拉图观点相对立的体系。柏拉图否认事物本身的客观事实性,那么艺术文学也就无法从客观的角度去描述;否认情感,那么诗人理想化的情绪也就无从落脚。

一件作品,如果认可了它的客观真实性,也就肯定了它的存在价值;如果它能够陶冶情操,也就具有了教育意义;如果它能够给人们带来美的享受,那么它也具有实实在在的美感。所以说,美的本质是具体的,不是抽象的。所以美学家们首先要做的,是通过事物本身来探究它的艺术法则和规律,而艺术上的美反映的恰恰是事物在哲学高度上的价值。

小知识

杰里米·边沁(1748年~1832年),英国法理学家、功利主义哲学家、经济学家和社会改革者。他试图建立一种完善、全面的法律体系,而此法律所基于的道德原则就是"功利主义",并且认为任何法律的功利,都应由其促进相关者的愉快、善与幸福的程度来衡量的。

第五篇
让人生更美的使者——一睹历代美学大师的风采

"上帝之友"奥古斯丁开创了基督教美学

在所有的美中,来自精神世界的美是至高无上的。在奥古斯丁眼里,所有的美都是由上帝创造的,世间万物的美都是上帝的恩赐。

奥古斯丁最初是信奉摩尼教,但是摩尼教徒很多重钱财寡情义的行为让他非常不满,甚至愤怒。

一个偶然的机会,他在米兰结识了基督教徒安布罗斯。对于远道而来的奥古斯丁,安布罗斯不仅表现出了一个基督徒热情周到的性情,而且还跟奥古斯丁谈到了很多的人文社会知识。安布罗斯的谦逊与文雅给奥古斯丁留下了深刻的印象,也使他对基督教产生了一些最初的好感。

慢慢地,奥古斯丁就开始跟随安布罗斯去教堂听道。虽然他的思想已经倾向于基督教,但是他内心也经常挣扎,因为他毕竟跟随摩尼教许多年,就像是一个老朋友,怎么舍得丢弃呢?

一天,一个朋友来到他的住所,看到桌子上摆着一本基督教徒保罗的书信集,便会心地笑了。他说:"我的两个朋友,他们都是宫廷要员,他们也是在一个偶然的机会里看到安东尼的传记,便决定放弃许多人梦寐以求的西泽之友的位置,而去追随上帝。"

朋友的话让奥古斯丁心里充满了愧疚,十几年前,他从西塞罗的《荷尔顿西乌斯》一书懂得了什么是真正的大智慧以后,至今没有做出自己的选择。他既想追随上帝,又不舍得放弃摩尼教。他一方面想实现更高的人生价值,一方面又眷恋世俗的纸醉金迷,这种无法抉择的痛苦一直折磨着他,使他为之发狂。

朋友走后,奥古斯丁一个人来到屋后的小花园,对着那些植物大喊道:"凭什么让那些无用的家伙夺取天堂?我还在这里傻等什么?我是在走自己的路,在选择自己的人生,至于别人怎么做,与我毫不相干,我不应该再等了,我不想让我的晚年伴随着的只有无休止的惭愧。"

花园里的花匠被他的喊叫声惊呆了,不解地看着他。一阵喊叫过后,奥古斯丁走到一棵树下,静静地坐下来。

两种思想不停地搅扰他,像新旧两个情人,时而旧情人问他:"你真忍心离开我

"上帝之友"奥古斯丁开创了基督教美学

吗?难道你忘记我们在一起相处的那些日夜了吗?"时而新情人又把他的思绪拉过来:"跟我走,那里才是你真正所向往的,上帝把所有的恩惠都降临给我们,你还有什么可犹豫的呢?"

到底在犹豫什么呢?奥古斯丁背靠树上,双目紧闭,泪水无声地顺着脸颊滑落下来。

在所有的美中,来自精神世界的美是至高无上的。在奥古斯丁眼里,所有的美都是由上帝创造的,世间万物的美都是上帝的恩赐。他曾在《忏悔录》中这样表达对上帝的热爱:"万能的主,你是真、善、美的化身,这世界上万物只因为有了你的庇护,而拥有了真、善、美的本质。你是无所不能的,如果没有你的存在,那一切都将会失去价值和意义,所谓的美也无从谈起。"

奥古斯丁

有人对此提出了反驳,他们问奥古斯丁,既然世间万物在上帝的庇护下都变成美的了,那为什么还会有丑呢?难道丑也是上帝创造的吗?

奥古斯丁解释说,上帝之所以创造丑,目的只是为了衬托美的存在。其实世上没有任何事物是丑的,所谓的丑也只是相对来说,比如鲜花和绿叶、光明与黑暗。从某种角度来说,丑的原型也是美的,只不过是出现了一点点缺憾,与原汁原味的美有了些许的差异,便被称作是丑的。所以,再丑的事物也能从中找到美的痕迹。

奥古斯丁认为,美代表着和谐,而构成和谐的因素是平衡、对称、适度、协调等,就像一棵大树如果只有半边叶子,肯定很难看。美还代表着一种愿望,比如情人眼里出西施,而西施的美是有特定环境的。同时,美还代表着一种宽容,就像杨贵妃,因为皇帝喜欢她,所以她的胖也被欣赏成一种美。

美是上帝所赐,它带有一种常人无法抗拒的感染力和魅力。所以,真正的美是神圣的,要用心灵去欣赏、去感悟。

175

坚信上帝的托马斯·阿奎那成为了中世纪美学的集大成者

  阿奎那认为,美客观存在于现实世界当中,人类对美的感性认识先于理性,但是理性上的认识才是完整而正确的认识。所以,人需要依靠理智来认识美,而不是靠感官。他的美学思想的核心,就是教给人们怎样发现美、认识美。

  "哑牛"是人们送给托马斯·阿奎那的绰号,因为他总是沉默寡言。可是许多年以后,这位很少说话的"哑牛"却成长为意大利著名的神学家和经院哲学家。

  阿奎那出生于十三世纪中叶的意大利,他的伯父是一位修道院院长,小时候的阿奎那便跟着伯父常在修道院玩耍。到了上学的年龄后,他在修道院接受了九年的教育,因为一直未曾离开修道院,所以伯父便有意培养他长大后接替自己的职位。

  而阿奎那自己也非常喜欢神学,他于1245年到巴黎跟随阿尔伯特学习神教学。阿尔伯特是中世纪德意志经院哲学家、神学家,他是亚里士多德学说的拥护者,阿奎那从他那里接触了很多亚里士多德的思想。1257年,阿奎那留在巴黎大学开始教授神学。

  在阿奎那教学期间,正是亚里士多德学说与柏拉图学说正面冲突最激烈的时候。一方面,亚里士多德学说的大量涌入,引起了学校内部基督教徒的争议;另一方面,教会也惊恐于这种思想,便极力阻挠,而阿奎那恰恰是亚里士多德学说的拥护者,所以他所面临的处境是可想而知的。

  教会开始明令禁止跟亚里士多德学说有关的书籍流入教会,并严禁学生们阅读和收藏此类书籍。在这种强大的压力下,阿奎那依然没有退缩,因为他从亚里士多德学说里看到了真理,看到了人类无法逃避的自然规律,他要把这种思想传播给世人,让他们脱离愚昧。

  这段时间,阿奎那和老师阿尔伯特一起,对亚里士多德学说的内容做了新的修改,摒弃了那些所谓的唯物主义和辩证法,而留下了唯心主义和形而上学体系,并把神学体系也合理地纳入其中,进而诞生了世上最完善的基督教神学体系。

  阿奎那新的理论很快就在西欧中世纪思想中占领了支配地位,并且教会在他生前就已经开始了对他的支持和赞誉,他们把阿奎那称作是天使博士,并且在阿奎那去世以后,又追封他为"圣徒"以及"教义师"。1879年教皇还正式宣布他的学说

坚信上帝的托马斯·阿奎那成为了中世纪美学的集大成者

是"天主教会至今唯一真实的哲学"。

阿奎那认为,美客观存在于现实世界当中,人类对美的感性认识先于理性,但是理性上的认识才是完整而正确的认识。所以,人需要依靠理智来认识美,而不是靠感官。他的美学思想的核心就是教给人们怎样发现美、认识美。

阿奎那一生的著作约有1500万字,他的很多美学思想都散布在他的文献著作中。在其著作《神学大全》《反异教大全》中,他论述了"上帝是至高无上的,所有的美都是上帝创造的"这个美学观点,并在此基础上总结了美的三要素:

1. 完整。美的事物首先要具备完整性,因为所有不完整的事物本身表达的就是一种丑陋的信息。

2. 和谐。物体之间和谐地搭配,也是美的要素质之一。就像一个人,如果他一边的眉毛被剃掉,那么就很难看;还有我们做事情,如果半途而废,那也是与和谐相违背的。

天主教教会认为托马斯·阿奎那是历史上最伟大的神学家,将其评为三十三位教会圣师之一

3. 鲜明。鲜明是美的三要素里最重要的一点。所有的事情,无论它的起因多么富丽堂皇,如果它的结局不是当初设计的,或者说与事实有些偏颇,那么相对来说,就是丑的。

美存在于人们的精神世界,同时又是外在的。精神的美是源于充实的内涵,这是由多年的经验和修养达成的,而外在的美得益于事物本身和谐的比例构造。

小知识

乔治·戈登·拜伦(1788年～1824年),英国浪漫主义文学的杰出代表,被称为是十九世纪初英国的"满腔热情地、辛辣地讽刺现实社会"的诗人。他未完成的长篇诗体小说《唐璜》是一部气势宏伟、艺术卓越的叙事长诗,在英国乃至欧洲的文学史上都是罕见的。

第五篇 让人生更美的使者——一睹历代美学大师的风采

《神曲》宣告了但丁人文主义美学精神的萌芽

《神曲》的主旋律就是描述灵魂进化的过程，那些罪恶的灵魂被打入地狱，经过折磨、考验、惩罚以及煎熬，最后脱胎换骨，经过充分的净化而后升入天堂，享受极乐世界美轮美奂的景致。

但丁的一生并不平静。1265年，他出生在佛罗伦萨一个没落的贵族家庭。在他五岁的时候，母亲因病去世，父亲续弦后又生了两个弟弟、一个妹妹。穷困的生活没有磨灭他的意志，反而使他有了很多对理想生活的向往，《神曲》就是在这样的思想状态下写成的。

《神曲》意为神来之曲，是一部气势庞大的长诗。在这部长诗里，但丁描写了三十五岁的自己，误入一座黑暗而且难辨方向的森林，在森林里，他遇到三只猛兽：母狼、狮子、猎豹。在但丁的描写里，黑暗的森林象征的是罪恶，而母狼、狮子、猎豹则分别象征人生过程中难以避免的欲望、野心和享受。

在被三只猛兽围攻的时候，但丁奋力疾呼，这时候，维吉尔（古罗马诗人）的灵魂在他头顶出现了，维吉尔告诉他："如果你无法战胜它们，那就跟我来吧！我会为你指点一条胜利的出路。"

于是，但丁把所有生命的权利交给了他，然后由他引领自己走出困境和猛兽的攻击。

恩格斯评价说："但丁是中世纪的最后一位诗人，同时又是新时代的最初一位诗人。"

维吉尔没有食言，他带领但丁穿越森林、高山、峡谷，甚至穿越地狱和炼狱，最后来到一个草肥水美的地方，并使他见到了心仪已久的女孩。这一切仿佛都早已经为但丁准备好了，他和女孩一起挽手飞上了天堂。

这是一部以完美结局告终的长诗，但是它的内容却是惊心动魄的。所描写的地狱是漏斗形的，越往下越小，也越黑暗，令人从心底感到恐怖。漏斗直达地心，那里有可恶的魔鬼在潜伏着，但丁小心地绕魔鬼而过。接下来,但丁又来到炼狱。炼狱是呈高山形状的,一共七层,每爬一层,就消除了一项罪恶,直到山顶。炼狱里众多的灵魂都在祷告忏悔,洗涤自己的罪过,这些人既有贵族公爵,也有穷苦百姓,但丁甚至还见到了很多著名的人物,并与他们的灵魂进行交谈。但丁还遇到一些坏人,他将他们重新推入炼狱,同时帮助那些好人爬上去。

但丁以一个亡魂游记的形式,写出了活人对当时社会的无奈,但是他又揭示了一个道理:一个人无论有着怎样的罪恶,只要决心改过,努力攀登,也一定会到达理想的顶峰。

但丁是意大利文艺复兴的先驱,他生活的时代,恰逢拥护教会统治的教皇党和拥护世俗政权的皇帝党在进行着激烈的斗争。那时候资产阶级刚刚萌芽,他们站在了皇帝党一边。这两个派别的斗争在佛罗伦萨最为激烈,但最后获取胜利的是拥护教会统治的教皇党。但丁因为不拥护教皇党,所以被教皇党流放到境外。

在但丁的长诗《神曲》里,他把教皇打入地狱,并把自己所有的希望和信念都寄托于世俗政权的拥护者——保皇党身上。他的这种情绪在《论君主》一书里,有明显的表露。但丁身处新、旧交替的两个时代,他的思想一边受到新环境、新理念的影响,一边又不能彻底地放弃旧的观念。就他的《神曲》来说,这部作品的主旋律就是描述灵魂进化的过程,那些罪恶的灵魂被打入地狱,经过折磨、考验、惩罚以及煎熬,最后脱胎换骨,经过充分地净化而后升入天堂,享受极乐世界美轮美奂的景致。这本来是一个完美的过程,如果在常人看来,几乎没有什么缺陷,可是在基督教那里,却是不受欢迎的。因为基督教的高层领导如教父、教皇等,在但丁的笔下,无不被狠狠地打入地狱,这与他们与生俱来的高贵身份是背道而驰的。

其实但丁这部著作的寓意在于告诉人们,如果凭着本身的天性恣意妄为的话,最终凭着他带给人们的善、恶、美、丑,他应该受到合理的奖励与惩罚。

所以但丁说:"我的这部作品,很多人看到的只是它流畅的表面,而内里含有的美和善,却不为人所知。"

小知识

让·鲍德里亚(1929年~2007年),法国哲学家、现代社会思想大师、后现代理论家。他试图将传统的马克思主义政治经济学与符号学以及结构主义加以综合,意欲发展一种新马克思主义社会理论。其代表作有《物体系》、《消费社会》和《符号交换与死亡》等。

心灵感悟激发了达·芬奇伟大的画论

在作画的时候,达·芬奇主张用一种心灵深处的感悟来描绘眼前的事物。他认为,绘画虽然看起来是面对面的描绘,但是要给所刻画的人物加上灵魂,使其看起来有令人怦然心动的地方,这就要靠艺术的创造力。

《最后的晚餐》创作题材取自于《圣经》。当时犹大为了三十个银币出卖了耶稣,官府的人已经在前来缉拿的路上,耶稣是先知,对此事已有察觉。在晚上,耶稣与他的十二个门徒吃饭的时候,他镇静地向大家公布了此事,接下来门徒们的表情可想而知,有愤怒、惊异、疑惑、茫然以及恐惧等。达·芬奇就根据这些人在这一瞬间的表现,作了此画。

该画高420厘米,宽910厘米,是达·芬奇直接画在米兰一座修道院的餐厅墙上,整个画的底色为深棕,画的中央是一张盖着白色桌布的桌子,耶稣坐在正中间,双眼注视着画外的空间,仿佛看穿一切。他双手摊开摆在餐桌上,那动作所表达的意思溢于言表:"你们当中有人出卖了我。是谁?"

耶稣的两边,分别坐着他的十二个门徒,门徒的表情就更丰富了,他们有的站起来,探过身子,仿佛向耶稣询问:"这不可能吧?"有的转过身,仿佛问自己旁边的人:"会是谁呢?"多数人的表情都带有一种愤怒,除了一个人,那就是犹大,只有他心里明白这是怎么一回事。犹大的职务是管钱,但是他生性懒惰,经常偷钱去吃、喝,所以账目亏空了很多,而魔鬼撒旦看准了这个机会,用三十个银币的报酬向犹大打听耶稣的住址,贪心的犹大见钱眼开,就把耶稣的住址告诉了他。画中,犹大的表情是鬼祟的,眼神不敢正视耶稣,他坐在板凳上,手里紧握着钱袋,钱袋里有出卖主所得的三十个银币。

怎样才能够最真实地利用绘画来表达这些人的内心情感呢?达·芬奇用了透视原理。他选择将画作画在墙上,这样会有一种自然延伸的感觉。耶稣的背后是明媚的阳光,光线均匀地洒在他金色的头发上,像一层金色的光环,而与此形成对比的,是众门徒惊恐紧张的眼神。达·芬奇用这种强烈的对比手法,精确地表达了耶稣的伟大与神圣,也表达了犹大的渺小和猥亵。

达·芬奇的文艺本质论,明显受亚里士多德的影响,他曾经画过一幅名为《女人头像》的画，画中唯一有点象征意义的，就是女人头上那个镶有珠宝的发夹。珠宝在意大利古语中象征着纯洁，在当地，随便一颗普通的钻石都有这样的寓意，而达·芬奇随便画上一颗钻石，就是告诉人们，这是一位纯洁的少女。但是他并没有采取那样简单的

《最后的晚餐》

手法，在古时候，由于受当时条件的影响，钻石的切割方式多为平面切割，而这位少女头上的钻石恰恰是以平面切割方式完成的，这代表着更深一层的暗喻，暗喻少女是旷古绝今的纯洁。达·芬奇仅经由画一颗钻石的一点笔墨，便向观众展示了少女思想深处所具有的高贵质量。

在作画的时候，达·芬奇主张用一种心灵深处的感悟来描绘眼前的事物。他认为，绘画虽然看起来是面对面的描绘，但是它绝不同于像照相一样的翻版照抄，要给所刻画的人物加上灵魂，使其看起来有令人怦然心动的地方，这就要靠艺术的创造力。

达·芬奇说，作为一个画家，他应当充分深刻地熟悉大自然、了解大自然，把自然界那些精致的点收录在自己的作品中，如画龙点睛。但一幅画仅有这样是不够的，在绘画的过程中，作者还要对画作加上自己的理解，进而使画作本身来自于自然，而又高于自然。而对于心灵深处这个被深刻的思想渲染过后的自然，达·芬奇说，这便是第二自然。

小知识

卡里·纪伯伦(1883年～1931年)，黎巴嫩诗人、作家、画家，被称为"艺术天才"、"黎巴嫩文坛骄子"，是阿拉伯现代小说、艺术和散文的主要奠基人，二十世纪阿拉伯新文学道路的开拓者之一。其著作有《先知》和《论友谊》等。

第五篇 让人生更美的使者——一睹历代美学大师的风采

没有成为神学家的笛卡尔成了理性主义美学的奠基人

笛卡尔的"我思"是他迈向哲学理论、认识哲学理论的起点,他从这里分离出灵魂与肉体、精神与物质,进而总结出另一个主体。

笛卡尔,欧洲近代资产阶级哲学的奠基人之一,因其自成体系的唯物主义与唯心主义论,在哲学史上产生了深远的影响,而被黑格尔称作是"现代哲学之父"。笛卡尔不仅仅是一位哲学家,而且还是一位科学家,他所建立的解析几何在数学史上具有划时代的意义,被学术界看做是十七世纪的欧洲哲学界和科学界最有影响的巨匠。

正在给瑞典女王讲课的笛卡尔

笛卡尔的父亲是一位地方议员,家境比较好,所以他的童年过得无忧无虑。可是他的童年刚刚结束,母亲就去世了。没有了母亲的悉心照料,笛卡尔的身体越来越差,父亲不得不雇了一位保姆来照应笛卡尔的饮食起居,可是情况并没有因此好转。到了上学的年龄,笛卡尔依然常常卧病在床,经过沟通,校方同意他可以自由安排自己的时间,并且早晨不用早起上课。学校里的那些书籍,笛卡尔完全可以在家里阅读,学校对他很照顾,给了他很多安静思考的时间,进而也让他能够独立思考一些问题。

笛卡尔就在这样的学习环境下逐渐长大了,大学毕业以后,父亲为他安排了工作,可是笛卡尔并没有听从父亲的安排,而是打算投笔从戎,然后借机走遍欧洲,长见识,开眼界。

走出家门的笛卡尔收获颇多。有一次,他在异国的大街上散步,看见一群人围着一张告示,在叽叽喳喳地讨论。这是一道重金悬赏的数学题,笛卡尔把题目抄回家,仅用了一天的时间就解出来了。就因为这道题,笛卡尔受到了艾萨克·贝克曼的注意,贝克曼向笛卡尔介绍了数学界的发展方向和一些新的课题。

对数学的研究使笛卡尔的思路有了新的延伸,他想:"可不可以用研究数学的方法来研究其他万物的规律呢?"

有天晚上,笛卡尔做了一个梦,他梦见自己站在一个山头上,前后仿佛都布满了大石块和数不清的荆棘。正当他一筹莫展的时候,刮来一阵大风,恍惚中,他的身体竟然被大风吹起,越过茂密的丛林,越过峡谷,来到了一个宝库前。这时他的手里竟然握着一把钥匙,他打开宝库的门,里面放射出多彩的光芒,宝库里的书籍写的都是他闻所未闻的知识,令他大开眼界。

这个梦增强了笛卡尔探索知识道路的欲望,也奠定了他创建新学说的信念。

麦尔生神父曾经向笛卡尔询问美到底是怎么一回事,笛卡尔是这样回答的:"世间万物的美都不是绝对的,这要看以什么样的眼光去评价它,一千个人会有一千种看法,所以我们也没有办法按照一定的尺度来归纳它。"

笛卡尔的"我思"是他迈向哲学理论、认识哲学理论的起点,他从这里分离出灵魂与肉体、精神与物质,进而总结出另一个主体。"我思"是对事物本身抱着怀疑的态度,而自己是真实存在的。"这不是在模仿什么名家,也不是在虚拟什么构想,我的怀疑是一种铺垫。就像是在找到金子之前,要先对某一处河滩找出理论上不同于寻常的疑点一样,经由对疑点的排查,最后证实事物本身的正确性。"

人都是平等的,这里所谓的平等,是从人本性的角度上来说的。比如人在出生的时候,上帝给他的良知都是一样的,即便他如何埋怨上帝的不公、埋怨自己命运的多舛,他的良知都不比别人少。

笛卡尔所说的良知指的是智慧、本性,上帝赋予我们的智慧,足够我们在这个错综复杂的社会中有效地分辨真伪。所以笛卡尔说:当我怀疑一切的时候,我从未曾怀疑过我自身的存在,因此得出"我思故我在"的结论。

小知识

契诃夫(1860年~1904年),俄国小说家、戏剧家、十九世纪末期俄国批判现实主义作家、短篇小说艺术大师。他和法国的莫泊桑、美国的欧·亨利齐名,为三大短篇小说巨匠。其代表作有《变色龙》和《小公务员之死》等。

第五篇 让人生更美的使者——一睹历代美学大师的风采

夏夫兹博里对美学的贡献

夏夫兹博里认为所有的美都不应该逃离道德的范畴,一切偏离道德范畴的美都是毫无价值的。但是艺术美与道德美是截然不同的两个概念,他并没有把这两者区分开来,不过他后来提出的"审美无关利害",提醒了人们道德美和艺术美是可以分开来解释的。

西方美学将来自感官方面的美看做是动物本身的感觉系统,从而将其排除在美学之外,但是这个说法在许多年以后遭到了希腊哲学家毕达哥拉斯的否定。他认为人的听觉和视觉都属于审美的感官系统,美包括对称美和不对称美,这一切都能通过视觉看得到。而大自然的声音也是一种美,一种可以愉悦身心的和谐美,这种美可以经由听觉享受到。亚里士多德也赞同这样的说法,他的理论更为直接,他总结说:"眼睛能看到物体的形状,耳朵能听到美妙的声音,而形状和声音又恰恰是美的完美结合。"

夏夫兹博里对于美的解释和上述两位是一样的,他认为和谐就是美,而和谐就是比例适度的意思,和谐的美不仅仅存在于物质,大自然中的一切都可以构成美的因素。夏夫兹博里认为,真正的美并不在于外表,而在于它富有艺术性的结构。在这自然界里,人体结构应该是最美的,人体应该和心灵构成一个统一的关系,就是说,只有外表和内心相互合一了,才是美的最高境界。

希腊神话里曾有这样一个故事:一个经常在山坡上放牧的美少年纳喀索斯,每到晌午休息的时候,他都会跑到山下的小溪边去洗脸。慢慢地,他竟然爱上了自己清秀的面容,以至于对许多女子的求爱都视若无睹,伤了很多人的心。为了不失去湖中的自己,纳喀索斯就日夜守护在湖边,不寝不食不眠不休地俯身看着水中的倒影。后来,纳喀索斯倒在岸边的绿草地上,死亡的黑暗遮住了他的双眼,化为了孤傲的水仙。

这个故事告诉我们,一个人只有外表的美是远远不够的,他需要与心灵的完美统一。在基督教理论里,人生来就是带着罪恶的,那些欲望都被藏在肉体里,只有抱着一种谦卑、自责、惶恐的思想,不断忏悔、不断祷告,才可以洗清自己,灵魂才会得以升华,也才会拥有真正的美。如果顾影自怜,爱上自己的身体以及自己的容貌的话,那无异于临水照花、揽镜自窥,最终不过是自恋者的悲哀。

夏夫兹博里对美学的贡献

在西方国家,真正被誉为美学之父的是夏夫兹博里,而远非鲍姆加登。虽然鲍姆加登也是德国著名的哲学家、美学家,但是夏夫兹博里首次在他的作品里提到了艺术的重要性。他认为,对美的追求就是对美的感知能力,简而言之,就是一个人怎样正确地鉴赏美。从这个意义上来说,他才是美学的奠基者。

美男子纳喀索斯之死

夏夫兹博里的美学艺术最早是受了柏拉图的影响,他也认为所有的美都不应该逃离道德的范畴,一切偏离道德范畴的美都是毫无价值的。但是艺术美与道德美是截然不同的两个概念,夏夫兹博里并没有把这两者区分开来,不过他后来提出的"审美无关利害"一说,也提醒了人们,道德美和艺术美是可以分开来解释的。

道德和艺术既有着各自独立的美学角度,又有着不可分割的关联。夏夫兹博里说,我所有的对艺术的欣赏和重视首先都取决于道德美。

要想正确理解美,首先要提高自身的趣味性,基于这个审美的先决条件,夏夫兹博里开始注重教育。教育能够提高人们的道德情操,进而提高他们的审美情趣,这二者是相辅相成的。

夏夫兹博里的这个提议得到了众多美学研究家的赞同。约瑟夫·艾迪生说,一个优秀的作者,在每次欣赏一幅作品的时候,都会有新的发现,这取决于他对艺术深厚的功底与内涵。休谟也说,要想使得一门艺术(无论是绘画、写作还是雕塑)达到极致,就必须在这个领域认真学习、反复推敲,才可以发现它的美之所在。

塑造完美的作品其实就是塑造完美人格的手段之一,人格完美了,其作品自然也就完美了。

小知识

尼可罗·马基雅维利(1469年~1527年),意大利的政治哲学家、音乐家、诗人、浪漫喜剧剧作家。他的思想核心是为达目的不择手段,绝对维护君主至高无上的权威。其代表作有《君主论》和《论蒂托·利瓦伊罗马史的最初十年》等。

第五篇

让人生更美的使者——一睹历代美学大师的风采

怀疑论者休谟的审美趣味

休谟提出了一个感官说法,他认为,确定一件事物的美学价值,既取决于不同的人群,又取决于不同的环境。同一件事物可以激发起无数的审美激情,并且这些感情又各自有独立性和真实性,标志着对象与心理或者是其他本能之间的一种和谐关系。

一次,休谟的一个身患绝症的朋友问他说:"人死了会复生吗?或者说真有来世吗?"

休谟回答说:"那不过是一个毫无理智的幻想。"

由于休谟的家庭是一个非常有名望的神学之家,所以他基本上从一懂事就开始接触神学。其实小休谟一点也不笨,他只是看起来有点胖,所以给人笨的感觉。进入学校以后,他的聪明很快就显露出来,成绩优秀的他十二岁就考入了爱丁堡大学。休谟的聪明与好学,使他在十五岁时就已经能够很完整地阅读和理解当时那些哲学著作了,但是那些哲学仿佛并没有给他带来什么快乐,他的内心世界反倒由于这些作品的介入,而多了一些不可名状的苦涩。特别是当他在接触到洛克和克拉克的作品以后,这种情绪就更加明显。

为了生存的需要,休谟被迫攻读法律学,可是法律带给他的枯燥与压抑,差点使他精神失常。在他工作以后,同伴们之间溢于言表的势利与吝啬更是让他难以苟同,这样的日子没过多久,休谟就毅然辞职,到法国谋生。

在法国的拉弗莱舍神学院,他安顿了下来,在之后两年多的时间里,他在神学院的图书室阅读了大量的神学著作,并写出了《人类天性论:实验(牛顿)推理法引入道德主题的尝试》一书。他在这本书里清晰阐明了自己的观点和思想。这本书包含了休谟很多关于神学的新观念和新批注,也是他多年心血的结晶,他以为这本书会带来轰动效应,可是这本书在出版以后,反应平平,让他很失望。后来经过多方的宣传,效果勉强好一些。

休谟的经济状况一直很差,为了生存,他给人当过教员、私人秘书等,在经济慢慢好转以后,他又继续写作。

他后来的一些著作引起了社会的广泛关注,尤其是他在政治、经济、哲学、历史

怀疑论者休谟的审美趣味

和宗教方面的剖析,使他经常被邀请到一些重要的场合做演讲,并且还受到了当时最著名的作家伏尔泰和狄德罗的称赞。

很多人评价休谟,说他长得腰圆体胖,表情木讷,看起来根本不像是一个极富思想的哲学家,但人不可貌相,休谟的才华在内心,而不是表面。

美是流动的,美是相对的,美又是和谐的。现实社会中,对于怎样判断美,休谟在美学思想论文《论审美趣味的标准》中,提出了一个感官说法,他认为,确定一件事物的美学价值,既取决于不同的人群,又取决于不同的环境。同一件事物可以激发起无数的审美激情,并且这些感情又各自有独立性和真实性,这些情感并不体现或代表审美对象的真实含意,它只是标志着对象与心理或者是其他本能之间的一种和谐关系。休谟说,这世界上没有哪一个人的感官是最标准的,所以从感官的角度来说,美是相对的。

休谟

趣味的普遍性是审美的大前提,在这个前提下,由于个人修养、社会风俗、历史文化的差异,以及流行时尚与其他外界因素对审美情趣的影响,评判标准也会有差异,这就是审美标准的社会因素以及心理因素。《论审美趣味的标准》一书中,又论证了审美趣味的统一性。审美趣味的统一性就在于人所具有共同的生理结构、共同的感官世界,对于一些有特殊形式和性质,能够引起快感的一种审美体验。

小知识

伊索(公元前620年～公元前560年),古希腊著名的寓言家,他与克雷洛夫、拉封丹和莱辛并称"世界四大寓言家"。现在常见的《伊索寓言》是后人根据拜占庭僧侣普拉努德斯搜集的寓言以及后来陆陆续续发现的古希腊寓言传抄本编订的。

第五篇
让人生更美的使者——一睹历代美学大师的风采

卢梭的恋情
验证了音乐美学的观点

卢梭赞美自然界一切启蒙状态的美,这是一种不受理性控制的状态。而工业和农业的发展恰恰违背了自然的规律,同时也影响了原始状态下的自然美,在此基础上的美是人为的、虚拟的,实际上是一种堕落。

这是一段来去匆匆的恋情,恋情结束后,留给他的是无尽的追思。

卢梭是法国著名的思想启蒙家,一生成绩卓著,然而由于他是一位激进的民主主义者,并且与狄德罗在宗教等方面观点上的不同,所以他的作品曾一度遭到当局的镇压和教会的反对。瑞士当局下令焚烧他的书籍,甚至逮捕他,所以他不得不放弃日内瓦公民的身份,而逃往法国。

不幸的遭遇使卢梭变得沉默寡言,一个旧日的朋友收留了他,让他住在自己的别墅里。在这一段时间里,他想了很多,从出生就失去了母亲,当学徒的时候又时常遭到老板的殴打,如今又被迫离乡背井,一生坎坷的遭遇,使他觉得命运对他是如此的不公。尤其是美好的爱情对他来说,仿佛是很遥远的事情,但是他心中的激情尚未泯灭,他打算把所有对青春的向往和对爱情的渴望全部倾注在作品里,为此,他开始了长篇小说《新爱洛绮丝》的创作。

一天,朋友的妹妹来访,她的名字叫桑洁娜,是一个妩媚的少妇。她谈吐大方,举止优雅,充满女性的魅力。当时卢梭正在构思故事中女主角的形象,而桑洁娜的出现,使他眼前一亮,认为这个女子就是最适合的人选。

故事中的女主角时时出现在笔端,而现实中的桑洁娜却迟迟不出现,这使卢梭在写作之余不免有些惆怅。终于,半年以后,桑洁娜再次出现了。

桑洁娜的出现让卢梭感觉到自己的生命仿佛又重新燃烧起来一样,对他来说,桑洁娜不仅是故事中的女主角,同时也是自己梦里千回百转、历尽艰辛寻找的爱情港湾,这样的女性让他的灵魂感到温暖和安逸。

卢梭急不可待地向桑洁娜表达了自己的心意,他带着她在别墅的花园里,向她讲述自己曾经的辉煌和那些不为人知的苦难。微风轻拂,花园里传来窸窸窣窣的虫鸣,身边巨大的幸福早已把悲伤荡涤在遥远的地方,卢梭觉得此刻小说中的幸福和现实中的幸福正在合二为一,没有任何理由,他们真切地相爱了。

188

卢梭的恋情验证了音乐美学的观点

爱情是幸福的,可是现实又是残酷的。一年以后,桑洁娜患上了癌症,没多久就离开了人世。

卢梭既是法国大革命的精神导师,同时又被誉为法国浪漫主义美学的奠基人。说他是大革命的精神导师,源于他的著作《论法国音乐的信》,这部著作写于1753年,那个时候法国各个学术之间正发起一场趣歌剧争论(趣歌剧是歌剧的多种表现形式之一,除此之外,还有喜歌剧、德式歌唱剧、英式民谣剧等),而卢梭的这部著作就像是在一场酣畅淋漓的大火中刮过的一阵旋风,顷刻间颠覆了所有的论点,进而使这场激烈的讨论攀越上了一个新的高峰。

在1756年到1761年间,卢梭又写了一本《论语言的起源》,这本书集中了他几乎所有的思想和探索的成果。卢梭以长篇诗歌的形式,论述了西方国家诗歌的形成、发展和衰落,在这部书的后半部,他又集中论述了音乐的起源,分析了音乐与语言之间的关系、音乐在社会发展中的地位以及构成音乐的几大要素等。

在这部书里,卢梭细致而全面地阐述了自己对音乐美学的观点。他赞美自然界一切启蒙状态的美,这是一种不受理性控制的状态,而工业和农业的发展恰恰违背了自然的规律,同时也影响了原始状态下的自然美,在此基础上的美是人为的、虚拟的,实际上是一种堕落。所以卢梭强调,自然美与文明是相对立的。因为卢梭坚持这样的思想,所以他被看做是浪漫主义和现实悲观主义的启蒙家。

起初,人们对自然与文明相对立一说并不认可,可是随着社会的发展和进步,人类的物质生活越繁荣,精神越空虚,进而也真正认识到自然与文明相对立的深刻含意。

小知识

拉宾德拉纳特·泰戈尔(1861年~1941年),印度著名诗人、文学家、艺术家、社会活动家、哲学家和印度民族主义者,是首位获得诺贝尔文学奖的印度人(也是首个亚洲人)。他与黎巴嫩诗人卡里·纪伯伦齐名,并称为"站在东西方文化桥梁的两位巨人"。对泰戈尔来说,他的诗是他奉献给神的礼物,而他本人是神的求婚者。他的诗中含有深刻的宗教和哲学的见解,在印度享有史诗的地位。其代表作有《吉檀迦利》和《飞鸟集》。

让人生更美的使者——一睹历代美学大师的风采

狄德罗效应
引爆现实主义美学

狄德罗在《百科全书》一书中，一方面完整地总结了人类从自然科学到人文科学演变的过程中，涉及诸多学科方面的探索与研究成果；另一方面，他又旗帜鲜明地反对封建制度的腐朽和愚昧，倡导自由、平等、博爱的进步思想。

在世人眼里，狄德罗是一个矛盾的混合体：龌龊与高尚、自豪与卑鄙、才智与愚蠢，他用自己的行为来揭示人世间的真、善、美，揭示那些道貌岸然的虚情假意，却时常用无知的、愚蠢的、疯狂的、不识羞耻的、懒惰的等语言形容自己。他说："谎言是为骗子服务的，在他们眼里，真话的害处是不可估量的。"

在狄德罗的作品里，也同样充满了这样的论调，比如他曾经写过这样一部小说，名字叫《宿命论者雅克和他的主人》，讲的是一个贵族家庭的女孩，爱上了一个侯爵，可是几年以后，侯爵却变了心，不再爱她。其实侯爵原本就是一个浪荡公子，他打着爱情的旗号欺骗了一个又一个女孩。侯爵的绝情使女孩悲痛万分，然而经过认真的思考，她发现侯爵表面上好像在追求真正的爱情，其实他内心已经沉沦，他的解释不过是为自己的无耻做遮掩罢了，而这样的人是不配得到真正的爱情的。

为了惩罚他，女孩从风尘场所找来一个以唱歌卖笑为生的妓女，把她打扮成一位清纯的乡村少女，然后又制造了一个很"偶然"的机会，让侯爵与这位女子相识。女子的清纯气质打动了侯爵，他竟然不可自拔地爱上了女孩，而这正是被侯爵所抛弃的贵族女孩想要的结果。经过一番海誓山盟，他们结婚了，侯爵认为找到了自己一生的所爱。就在这时，贵族女孩出现了，她告诉侯爵："恭喜你娶了一个妓女为妻，恐怕这就是你想要的吧！"

贵族女孩的话让侯爵大吃一惊，随后贵族女孩告诉了他事情的全部经过，而此时的侯爵，已满脸的羞愧与懊悔。贵族女孩是被侯爵抛弃的，很多场合下，侯爵都以一种高高在上的姿态来冷落

狄德罗

和中伤她,然而今天,在这个人生最重要的场合,侯爵却无奈地低下了头。

狄德罗时常以这样的手法来揭露现实中的丑恶与虚伪,就像他自己所说的那样:"天才,不是常人眼中的天赋才华,是能够具有预见性、走在时代前端的那种才能。"而狄德罗恰恰具有这种才能。

狄德罗的美学思想既传承了亚里士多德的美学观点,又吸纳了车尔尼雪夫斯基的美学经验,所以他在美学方面的研究还是非常受关注的。

狄德罗生活在一个极不平静的时代,封建社会苟延残喘,而资本主义正欣欣向荣、日益强大。作为社会的一分子,狄德罗亲眼目睹了封建社会的衰亡和资本主义的兴起,在这样的环境中长大,狄德罗的理论逃不开社会因素的影响。他在《百科全书》一书中,一方面完整地总结了人类从自然科学到人文科学演变的过程中,涉及诸多学科方面的探索与研究成果;另一方面,他又旗帜鲜明地反对封建制度的腐朽和愚昧,倡导自由、平等、博爱的进步思想。

一个和谐的社会,自然存在了很多美的元素,狄德罗说,美是一个词汇,这个词汇的责任就是证明某件事物的性质。

美又分为现实中的美和艺术中的美。从艺术家创作的角度来看,艺术的美仿佛是一种模仿,但是如果一味去模仿和效法的话,那么这种美就会失去自身的价值,变成一块没有灵魂的石头。狄德罗主张艺术家在创作的时候,尽量到大自然中寻找和发现灵感,并且作品也要遵循自然的发展规律,唯有自然的才是最美的。

小知识

珀西·比希·雪莱(1792年～1822年),英国著名的诗人、柏拉图主义的追随者。其著作有《解放了的普罗米修斯》、《倩契》以及《西风颂》等不朽名篇。

以己度人的隐喻
使维柯发现了形象思维规律

乔瓦尼·维柯是形象思维的倡导者，他认为艺术家在创作的时候，脑海里会产生一定的想象和构思，使作品各有各的巧妙之处。这一方面取决于他们审美情趣的差异，另一方面取决于他们欣赏水平和欣赏角度的不同。

乔瓦尼·维柯出生在意大利南部的一个小镇上，父亲是一个不起眼的书商。维柯家境并不富有，他曾当过私塾教师，执教过罗马公学。罗马公学是为天主教培养人才而成立的学校，这所学校从成立以来，培养了很多优秀的神职人才，而维柯的神学理论也就是从这里开始的。

虽然出生在偏僻小镇，但是维柯的思想并不闭塞，他甚至非常轻视笛卡尔的理性主义。在他看来，人类的文化绝对不是从理性开始，而是从非理性开始的，应当从历史的角度来剖析与研究人类的进化。不过这样的论调在当时并不为人所接受，因为那种理性的文化起源在西方国家已经根深蒂固，甚至已经沿袭了很多年，所以大家认为维柯的理论生涩难懂就不难理解了。

基于这样的思想，维柯非常认同古埃及对历史三个时期的划分，神的时代、英雄的时代和人的时代。

早期的人类不会说话，他们之间没有语言交流，茹毛饮血，与动物杂居，没有固定的性伴侣，甚至袒胸露乳，没有丝毫的羞怯感。他们的生活没有任何制度与规律，当然也就没有任何的宗教信仰。

后来过了很多年，地球上来了一场洪水。洪水退去以后，留下了大大小小的湖泊，这些湖泊在太阳的蒸发下形成水蒸气上升到天空，遇冷又变成雨，大雨倾盆，时而伴随着雷鸣电闪。这时候地球上的男男女女就有了惶恐不安的意识，他们开始警醒自己的所作所为，开始向上天祈祷。为了躲避风雨，他们住进了山洞，同时也开始了注重各个方面对自己的保护，对于那些死去的同伴，他们再不会若无其事地任其腐烂，而是把他们的尸体掩埋。

从那时起，人们开始敬仰各式各样的神，他们把神分为十二种，而在维柯看来，这十二种神所代表的就是人类进步的十二个阶段。例如农神标志着农业的开始，而海神则标志着航海事业的开始，以此类推，文化也就从中发展开来。

以己度人的隐喻使维柯发现了形象思维规律

在维柯所著的《新科学》一书中,他对历史的发展做了很生动地解释:早期的历史就好比是人类的婴儿时期,随着逐渐长大,也就有了思想。原始人类不会思考,他们只会用形象作比喻,所以那个时候的宗教信仰以及神话故事也都是形象思维的产物。

维柯是形象思维的倡导者,他认为艺术家在创作的时候,脑海里会产生一定的想象和构思,使作品各有各的巧妙之处。这一方面取决于他们审美情趣的差异,另一方面取决于他们欣赏水平和欣赏角度的不同。

形象思维与逻辑思维统称为最基本的思维形态。有人说,科学家在思考问题时常常引用某些理论和概念,而艺术家在构思的时候,常常以丰满的形象来做饵。其

海神波塞冬巡游图

实不然,形象思维不仅仅适用于艺术家,在科学家眼里也同样受到青睐。在物理学上,很多模型都是物理学家形象思维的产物,这些物理模型大到地球仪,小到分子和原子的结构,无一不是物理学家们形象思维的结晶。

1838年到1840年,前苏联文艺理论界把形象思维从诗歌和艺术的方面来定义,并提出"诗寓于形象思维"一说。俄罗斯文学评论家别林斯基在《艺术的观念》(1840年)一书中,对这个定义做了修改和论证,他用艺术来替代诗,即艺术是寓于形象的思维。别林斯基的这个观点可以从黑格尔的美学思想那里找到依据,黑格尔主张艺术是理念的感性显现。这个理念不是平常意义上的理念,而是一种与现实相吻合的形象概念,所以别林斯基的这个观点是继承黑格尔美学思想的主要标志。

第五篇
让人生更美的使者——一睹历代美学大师的风采

准时的康德
成为德国古典主义美学奠基人

什么是目的呢？康德解释说，这个概念既与所指的对象有关，同时又包含着对象本身现实性基础的时候，就叫做目的。

这世上恐怕没有比康德更守时的人了。一次，他的朋友邀请他到家里做客，康德欣然答应了。朋友的家并不太远，只是途中要经过一条河，当康德兴致勃勃走到这条河边的时候，他突然发现桥不见了。

他向附近的农户打听，一个农夫告诉他说："先生，这座桥坏了。"

"可是我急等着拜访朋友，说好十二点到的，这都十点了，怎么办呢？"

"没关系的，从这里往上游走十公里，还有一座桥，到那里去过河吧！"

康德心想，如果绕道就会耽误时间，可是明明跟朋友说好的，要是耽误了多难为情。

康德是一个生活很有规律的人，比如他每天早上五点起床，然后看两个小时的书，吃过饭以后，用两个半小时时间讲课，下午是写作时间。这样的规律几十年没变过，他把时间都按计划安排好，几乎没有什么可以拖延或者是浪费的余地。

考虑再三，康德还是想尽量从这里过河，可是河上没有桥，河水又深又凉，怎么通过呢？他焦急地向四处张望，目光正好落在了一个破旧的茅屋上。那个茅屋看起来很简陋，仿佛并没有太大的用处，但是茅屋上的几块门板看来倒是可以帮助他过河。

"我有一个打算，我想把那间茅屋买下来，可以吗？"

"你买茅屋做什么？难道你想住在这里等桥修好吗？"农夫大惑不解地看着康德。

"你别问我做什么，要是你愿意出售的话，我立刻就给你钱。"

"屋子这么破旧，你给二十法郎就行。"

"我想用这屋上的门板搭一座桥，我过河之后，这茅屋以及搭桥的门板还是你的。"

农夫此时明白了康德的用意，他赶紧叫来了儿子，一起动手把桥搭好。

康德顺利地过了河，并且准时与朋友相见。而朋友在见到他时，第一句话就是:"康德,我的朋友,多年不见,你真是一点也没变,还是那样守时。"

什么是目的呢?康德解释说,这个概念既与所指的对象有关,同时又包含着对象本身现实性基础的时候,就叫做目的。比如说"人",人之所以会被叫做人,是因为在理论上确定了"人"的规范,并按照这个规范来要求自己的行为。这种行为包括行为习惯、饮食习惯等,它与动物的习性是有区别的,所以被叫做"人"。目的可分为内在和外在两种:外在指的是某种事物的存在,是受了其他事物的影响,或者说事物本身为了追求两种事物之间的适应程度;内在的目的指的是某些事物本身具有的价值和因素,它的发展和形成只取决于自身的条件,并不受外界的干扰。

按照这个范畴,自然界的万物都可以用一定的要求规范起来,比如山之所以是山、河之所以是河等,或者说它们所能够带来的愉悦感和震撼力也都有它自身的定义。

什么是合目的性?康德解释说,某些事物本身是按照自然界与其相同质量的框架来约定自己的,这就是这种事物的形式上的合目的性。

美是崇高的,主体压倒对象凭借的是理论,而崇高的道德又会压倒主体,成为最后的胜利者,真正能够决定崇高道德思想的不是对象,而是自身的理性、自身的修养。美与崇高有着明显的区别,美是柔和的、细腻的、滋润的,而崇高则是高大的、深沉甚至是孤独的,美给人的印象是和谐自然,而崇高给人的印象则是痛过之后的深思和感悟。

小知识

亚历山大·谢尔盖耶维奇·普希金(1799年～1837年),俄国著名的文学家、伟大的诗人、小说家,被誉为"俄国文学之父"、"俄国诗歌的太阳"。其著作有诗体小说《叶甫盖尼·奥涅金》,长篇小说《上尉的女儿》以及政治抒情诗《致大海》、《自由颂》等。

第五篇
让人生更美的使者————一睹历代美学大师的风采

与歌德的友谊使席勒在美学史上发挥了承上启下的作用

　　康德美学理论的出发点是在先人的经验哲学上，席勒的出发点则是站在德国当时现实的角度上，是一种抽象理论思想与丰富的现实内容相结合的美学观点。

　　在席勒的生命里，有一个莫逆之交，他就是歌德。

　　歌德出身于贵族家庭，经济上一直很富有，而席勒则出生于德国符腾堡的小城马尔赫尔的贫穷市民家庭，使他们走到一起的，是对诗歌以及戏剧的浓厚兴趣。因为席勒太穷了，歌德不忍看到自己的朋友过着窘迫的生活，不仅时常接济他，而且还把他接到自己家中。在那段时间里，如果歌德要出席什么宴会的话，就尽量带上席勒，希望利用自己的影响，帮助他提高知名度。

　　一同学习，一同写作，甚至一起吃饭、一起散步，席勒与歌德之间的友情像一对难舍难分的恋人。如果日子能够永远这样下去也不错，可是，人生总有一些缺憾，让人们心里时常生出一种揪心的痛。

　　席勒病了，而且病得很重，或许是心灵感应的缘故，歌德很快就知道了席勒生病的事情，他常去看望自己的朋友，在病床前陪着他。尽管歌德请了最知名的大夫，却依然无法挽回席勒的生命，几个月以后，就在那张病床上，在歌德眼前，席勒闭上了眼睛，永远离开了人世。

　　因为席勒家里太穷了，家人只好把他的尸体暂时寄放在教堂的地下室，那里也有其他穷人家暂时寄放的亲人遗骸，席勒与他们被放在了一起。

　　在席勒去世的时候，歌德也生了一场大病，所以他的家人具体怎样安葬席勒，歌德并不知道。直到二十年以后，教堂地下室需要清理的时候，家人才想起，席勒的遗骸还在里面。

　　可是二十年过去了，那些遗骸已经很难辨认，歌德带着悲痛与愧疚开始在地下室分辨席勒的遗骸。

　　经过仔细的辨认，席勒的遗骸终于被歌德找到了。一段时间后，歌德把席勒的遗骸安放在了魏玛公墓。第二次世界大战时，人们把席勒的灵柩做了保护性的转移，可是在战争结束以后，当打开席勒的灵柩，却意外发现里面有两具骨骸。到底哪一具是席勒呢？一百年的光阴，歌德的灵魂连同肉体早已化为青烟，谁又能够辨

与歌德的友谊使席勒在美学史上发挥了承上启下的作用

认识席勒呢?

歌德与席勒

在席勒生活的那个时代,仿佛没有什么美可以让艺术家来抒发,大革命屠杀如火如荼,整个社会动荡不安,人民处在水深火热中。之所以会出现这样的状况,首先归结于文化的衰败。

与原始的自然文化相比,近代的文化不仅是一种刻意的模仿,而且添加了很多虚伪和假象。在整个社会进步的大前提下,每个人都在拼命补充营养,以便于能够与社会相融合。他们像安装精确的机械表,每一分钟、每一天都生活在被人设计好的框架内,喜、怒、哀、乐都是机械化的。法律撕碎了原始的风俗习惯,繁重的劳动给生活带来了莫大的压力,娱乐不再无拘无束,无论是谁在这样的环境下,都很难从内心对社会产生一种自然且立于道德的基础上的美感。而要想改变这样的现实,就应该在整个社会范围内开展道德伦理与美学教育。

席勒的哲学思想,在很大程度上受康德学派的影响,但是与康德学派所不同的是,席勒主张脱离主观验证的基本模式。康德美学理论的出发点是在先人的经验哲学上,席勒的出发点则是站在德国当时现实的角度上,是一种抽象理论思想与丰富的现实内容相结合的美学观点。

> **小知识**
>
> 亚历克修斯·里特·冯德舒克辛(1853年~1920年),奥地利哲学家、心理学家、新实在论者。他曾发表过假设论、证据论、对象论和价值论等学说。其主要著作有《假设论》、《对象论》和《对象论在科学体系中的地位》等。

197

第五篇
让人生更美的使者——一睹历代美学大师的风采

叔本华餐馆收回金币
开启了存在主义美学的先河

叔本华说,理论上的科学只能使人们认识表象的东西,其实表象的存在也只是人们给它下的定论。这些事物的结果看似客观,但它却又是人类主观意识上的产物,因为这个结果没有逃出理性的思维范畴。

叔本华,一个著名的哲学家,却有着极为孤独的本性和极为悲情的世界观。

在叔本华居住的街道上有一家餐馆,那里的比萨做得很美味,而叔本华经常在写作累了的时候去那里吃饭。

选择了一个干净的饭桌坐下,叔本华从口袋里拿出一块金币,放在桌子上。然后有侍者过来送餐,叔本华一边吃饭,一边环顾四周,十几分钟以后,他吃完了饭,然后站起身,收起桌子上的金币,离开餐馆。

几天以后,叔本华又走进这家餐馆,还是那样选择一个干净的位置坐下,然后如法炮制,把一枚金币摆在桌子上,等他吃完饭,又拾起金币,离开餐馆。

餐馆的侍者不明白叔本华为什么会这样做,就问他:"先生,您这是做什么呢?"

"我只是在跟自己打赌,看看那些在这里吃饭的官员们,他们的话题除了女人、狗和马,如果还有其他的,那么我就把金币投到慈善箱里。"

从1814年到1819年,叔本华利用五年的时间,完成了他具有代表性的作品——《作为意志和表象的世界》。这本书融入了印度哲学理论,是东西方文化的统一体。但是对于这本书,社会上却反应平平,这给叔本华带来了一种莫大的失望,他说:"如果不是我配不上这个时代,那么就是这个时代配不上我。"

后来,他去柏林大学做编外教授,不巧的是,当时黑格尔也在这所大学任教,并且黑格尔正处于事业的顶峰,人气极旺。他们两人同时授课的时候,叔本华的班级基本上没有什么人,甚至有时候一个人也没有,无奈之下,他只得辞职,离开柏林大学。

十九世纪是德国哲学的巅峰时期,当黑格尔的理性主义哲学被高高地信奉为真理的时候,叔本华却提出了不同的意见,这就是唯意志主义。

一直以来,唯意志主义与西方的理性主义之间都是水火不容的。虽然当时在黑格尔的光华遮盖下,人们并没有真正意识到唯意志主义的价值,但是叔本华心里清楚,他所提出的唯意志主义给社会带来的影响,绝不亚于黑格尔的理性主义哲学观。

究竟什么是唯意志主义呢?

首先说意志。意志在天性是本能,就像一个人与生俱来的欲望一样,决定着一个人自身的素质。叔本华说,理论上的科学只能使人们认识表象的东西,其实表象的存在也只是人们给它下的定论,如太阳、地球、月亮之所以存在,是相对于人们的感觉来说的,是人的眼睛所看到的。这些事物的结果看似客观,但它却又是人类主观意识上的产物,因为这个结果没有逃出理性的思维范畴。

唯意志主义,从理论上说,是反对经验、反对理性的一种哲学。从科学的角度来说,人类对一件事物的判断不能只遵照经验、拘泥于理性,否则不仅自身的潜能得不到发挥,而且会歪曲事物的本身价值。而理性哲学的错误就在于它一直关注的是经验、理性,这些经验是外在的,是判断事物标准的最基本依据,但除此之外,人们还应该把它融入到自己的内心世界,与自己的道德修养相结合,进而更唤出另一种潜能,而这种潜能才是最值得推崇的。

小知识

爱尔维修(1715年~1772年),法国启蒙思想家、哲学家、教育家、"教育万能论"的倡导者,他所讲的教育是"一切生活条件的总和",即自然环境和社会环境的总和。其主要的教育著作有《论精神》和《论人的理智能力和教育》等。

让人生更美的使者——一睹历代美学大师的风采

尼采用悲剧
揭示了美的所在

　　尼采用一部悲剧《酒神》揭示了美之所在。酒神是神话中的人物,他在喝酒的时候,整个状态是亢奋的、激昂的,甚至是悲愤无比的,进而解脱了自身的一切痛苦,获得了超越世俗、超越平凡的欢乐。这就是醉,而醉就是酒神状态。

　　尼采的父亲是一位宫廷教师,深得国王的信任,所以国王允许他可以用王室的名字为孩子命名,尼采的名字便由此而来。而更加巧合的是尼采出生的日期与威廉四世同一天,所以每逢国庆节,尼采便自豪地说:"最快乐的就是我的生日了,因为这一天举国上下都欢腾,这基本上是我整个童年记忆最深刻的一件事。"

　　尼采出生在一个神职家庭,祖父是一位基督教徒,曾写过神学著作,而外祖父则是一名牧师,不过小时候的尼采很沉默,极少说话。

　　尼采沉默的性格跟家庭不无关系,在他五岁的时候,父亲和弟弟就先后离开了人世。亲人的离去使他感到生命是如此的脆弱,那种无法控制的恐惧感时常伴随着他,让他感到一种莫名的失落和压抑。尼采的生活里,没有了父亲的疼爱,没有了弟弟的嬉闹,忧郁和孤独时常侵袭着他,为了排解这样的情绪,他经常一个人去爬山、郊游,从大自然中寻找那份属于自己的心灵依靠。

　　父亲去世以后,母亲就带着尼采到她妹妹家居住。那个时候尼采祖母依然在世,她经常向尼采讲述自己的家族史,讲述身为波兰人不可侵犯的高贵的血统,使尼采从内心产生了一种作为波兰人值得骄傲的优越感。尼采一直把父亲视为偶像,他希望自己长大以后,能够像父亲那样做一个受人尊敬的牧师。

　　他开始翻阅父亲留下的《圣经》,并且向周围的人讲述《圣经》里的故事。而沉浸在《圣经》的那些章节里,对他多少是一种解脱,尼采经常感叹道:"那些孩子们真快乐,即便是在听《圣经》的时候,也不能使他们安静一会儿,可是我的童年跟他们相比,是一种无法弥补的缺憾。"

　　童年很快结束了,尼采也升入了瑙姆堡中学。学校浓厚的艺术氛围好像对尼采这个生性孤独的人没有什么感染力,他依旧喜欢独来独往,不过这样的性格倒是给了他很大的帮助,使他能够很安静地学习和阅读。那个时候,尼采的文学和音乐都得到了较大的进步,并且已经成长为他生命不可分割的一部分。

尼采用悲剧揭示了美的所在

美是复杂多变的,它存在于自然界的万物之中,来自于人们的感官。尼采用一部悲剧《酒神》揭示了美之所在。酒神是神话中的人物,他是宙斯的私生子,在刚出生的时候,母亲就被烧死,而由众仙女将他养大。但是那不光彩的出身,令他一直被赫拉(宙斯的妻子)追杀,所以他的命运一直是颠沛流离的。酒神在仙女那里学会了酿酒的本事,所以他经常以喝酒的方式来释放自己。他在喝酒的时候,整个状态是亢奋的、激昂的,甚至是悲愤无比的,他解脱了自身的一切痛苦,进而获得了超越世俗、超越平凡的欢乐。这就是醉,而醉就是酒神状态。

酒神巴克斯的盛宴

与酒神状态相对立的是日神状态,日神的光辉普照大地,在它的照耀下,自然界的万物呈现出无与伦比的美感,这是艺术上的美。这种艺术被称为是日神艺术,如古希腊神话故事中十二位奥林匹斯神祇的形象,就是鲜明的日神艺术。

那么到底哪一种状态更接近于人的理性呢?有人说酒神的状态是出于冲动,所以日神状态应当属于理性状态,其实不然。在尼采看来,酒神艺术是自身借助外界所赋予的一种幻觉来寻找自我,从中得到快乐;而日神艺术是自我否定,然后把一切美的感觉都归结于外界因素,而扼杀了自我的本能。所以说,这两者都不属于理性艺术的范畴。

小知识

布朗尼斯劳·马林诺夫斯基(1884年~1942年),英国社会人类学家、功能学派创始人之一,其著作有《科学的文化理论》、《野蛮社会的犯罪和习俗》、《西北美拉尼西亚的野蛮人性生活》和《自由和文明》等。

为思想而生活的泰纳坚信特征说

泰纳曾经以真实的历史发展为依据,探索了整个历史时期文化艺术发展的规律,其中地域、环境和时代是促进和影响艺术发展的三个主要因素。

泰纳童年的时候,父亲和伯父就开始教他学习英语和拉丁语。由于泰纳聪明认真,十岁的时候就已经能够阅读莎士比亚的英文原著。可是泰纳的快乐童年并没有持续多久,父亲在他十三岁的时候就去世了,迫于生活,母亲带着他到了巴黎,而泰纳同时也转入波旁中学读书。在那里,泰纳天生聪颖的特点再一次得到展现,他不仅成绩优异,而且还经常得到学校的嘉奖。

1848年,泰纳以优异的成绩从波旁中学毕业,继而考上了巴黎国立高等师范攻读哲学。可是当他的才华再一次崭露头角的时候,却因为坚持哲学唯物论观点而遭到当局的反对,他的第一篇博士论文《论感觉》也因此遭到驳回。无奈,他只得换一种语气,撰写了另一篇论文《拉封丹及其寓言》,而这本以批判语气撰写的论文竟获得了意想不到的好评,从那以后,他便转向了从事文学批判的道路。

泰纳的论著大多是在业余时间写出来的,特别是在十九世纪五十年代,他一边当家教,一边忙于写作。到了五十年代末,他放弃了家教的工作,开始周游世界。那段时间,他曾到过英国、比利时、荷兰、德国和意大利。在此后的几年里,法国政局一直动荡不安,从普法战争中惨败到巴黎公社革命,这些事件给泰纳很大的触动,他决心用自己余生来研究法国社会动荡不安的潜在因素。为了让自己的工作与现实相照应,他利用在牛津大学讲学的机会,与勒南等一些著名的知识分子在埃弥尔·布特悄悄创办了巴黎私立政治学院,这个学院主要是为法国培养杰出的政治精英。

泰纳的理论对于社会的发展以及历史的发展都有着极为重要的影响,佐拉吸收泰纳的理论而形成了一套自然主义的文学主张,普列汉诺夫把泰纳的理论加以补充和整合,进而率先在俄国用马克思主义研究美学。

一位英国的批判家这样称赞泰纳:如果把泰纳的作品比喻为是一幅画的话,那么镶嵌这幅画的最好画框就是历史。

泰纳曾经以真实的历史发展为依据,探索了整个历史时期文化艺术发展的规律,而地域、环境和时代是促进和影响艺术发展的三个主要因素。

人类生活的地球,不同地域有不同的种族划分,而不同的种族自然繁衍出各自的文化艺术。一个古老的民族,它的文化遗产尽管会在社会的进步过程中受到外界的影响而发生一些改变,但是它的语言、宗教、文学、哲学中所蕴含的血统和智慧是无法消失的,这就是原始的民族痕迹。自然繁衍的文化艺术同时又承受着外界环境的影响,比如饮食文化、服饰文化以及音乐绘画等,都与所处的环境不无关系。

除了上述两种因素之外,文化的发展还有第三种关系,那就是时代性。简单地说,某些艺术因为所处的时代不同,所以审美观和价值取向也各有差异,比如达·芬奇和伽多都是意大利人,但是因为他们所处的时代不同,所以他们创作的意义和作品的风格也迥然不同。一个理论或一件作品,前人探索的结果,后人可以拿来借鉴、增补和完善,当然也可能提出质疑,这就是时代不同所赋予给艺术家们的不同理论基础。

泰纳的艺术发展三要素的理论开创了社会文化的先河,他之所以会有这样的理论,源于他所生活的时代。泰纳生活的时代处于世纪之交,社会文化新旧交替,所以他力图在纷乱的艺术理论和环境中,寻找一个清晰的思维轨迹。

小知识

梁启超(1873年~1929年),中国近代史上著名的政治活动家、启蒙思想家、教育家、史学家和文学家,亦是戊戌变法领袖之一。他曾倡导文体改良的"诗界革命"和"小说界革命"。其作品有《中国近三百年学术史》、《中国文化史》等。其著作合编为《饮冰室合集》。

第五篇 让人生更美的使者——一睹历代美学大师的风采

被墨索里尼罢免的克罗齐
反对美学中的"模仿说"和"联想说"

克罗齐认为,艺术创作其本质的目的就是为了艺术本身,不含有其他社会功利,其理论核心就是"艺术即直觉,直觉即表现"。

1866年2月5日,在意大利阿布鲁佐区的佩斯卡塞罗利,有一个小男孩呱呱坠地了。这是一个在当地很有威望的家族,从男孩懂事起,就开始接受严格的天主教式的教育。在他十六岁的时候,他的思想中就已经形成了很完整的价值观,并且逐渐成长为一个出色的哲学家。这个男孩就是意大利著名的文艺批评家贝奈戴托·克罗齐。

虽然从小就接受天主教的熏陶,但是在克罗齐看来,天主教只不过是一种信仰,不可以当做思想的主旋律来作为生命的寄托。

1883年,是克罗齐命运转折的一年。那一年,他带着家人到伊斯基亚的卡萨米乔拉度假,不料遭遇了地震,房屋倒塌,姐姐死亡,而他自己也被埋在地下,幸得抢救及时,才得以活命。

唯一的姐姐死了,克罗齐便继承了家里所有的财产,并把自己关在房子里研究哲学。随着研究的深入,他所取得的成就也越来越被人熟知,他思想上的那些令人耳目一新的观点,引起了政客们的注意。在他们反复要求下,克罗齐接受了公共教育部部长这个职位,一年以后,他又被任命为意大利参议院议员。他在这个职位上工作了很多年,后来一战开始了,克罗齐强烈反对意大利参战,他把一战看成是一场贸易战争,在各个强国面前,意大利的介入无异于自取灭亡。当然,他的意见并没有使意大利退出战争,不仅如此,很多政客都对克罗齐持怀疑态度,认为他是懦夫,这样的态度一直持续到一战结束。

此后,墨索里尼窃取了国家政权,克罗齐也随之从教育部长的职位上被罢免。墨索里尼一直反对克罗齐的哲学思想,所以处处压制和迫害他,查抄他的书籍和著作、监视他的行动,并遏制所有的报纸杂志发表有关克罗齐的消息和他的哲学观点。这样的处境一直到1944年才得以改变,那时候专制政府被推翻,克罗齐又被任命为新政府的部长。

克罗齐,二十世纪西方最具影响力的哲学家之一,他的美学思想是心灵哲学的

被墨索里尼罢免的克罗齐反对美学中的"模仿说"和"联想说"

重要组成部分。在克罗齐的哲学理论中,精神是世界的本源,只有心灵上的认识和感觉才是最真实的,心灵代表的就是现实,这是一个把客观世界完全等同于心灵世界的理念。克罗齐的美学思想继承了康德的主观唯心主义理论,表现出浓厚的形式主义色彩,认为艺术就是直觉上的感受,是心灵活动的最初阶段,是直观的感情显现,而不是理性的显现,它的性质在于有独立的思维和独特的社会实践。艺术能够给人带来美感,原因是它所具有的个性化的思想表达方式。

贝奈戴托·克罗齐

克罗齐认为,艺术创作本质的目的就是为了艺术本身,不该含有其他社会功利,其理论核心就是"艺术即直觉,直觉即表现"。他反对美学思想的"模仿说"和"联想说",认为"模仿说"只是事物的机械翻版,缺乏艺术欣赏的实质性内涵和价值;而"联想说"是把一件完整的艺术作品分为了两个层次来理解,使审美对象变成了两个形象,它的弊端就在于破坏了审美的统一性。

与外在的形式主义美学不同,克罗齐的形式主义美学是建立在创造和弘扬主体内容的基础上的,他反对只追求事物外在结构的形象主义,认为这样就失去了美学是表现的科学这一基本意义。

小知识

马可·奥勒留·安东尼·奥古斯都(121年～180年),古罗马皇帝,哲学家,斯多葛学派代表人物。他试图为伦理学建立一种唯理的基础,把宇宙论和伦理学融为一体,认为宇宙是一个美好的、有秩序的、完善的整体,由原始的神圣的火演变而来,并趋向一个目的。其代表作为《沉思录》。

让人生更美的使者——一睹历代美学大师的风采

小汉娜用自身经历验证弗洛伊德的精神分析说

弗洛伊德认为,人类的审美经验和艺术创造动力,均来自人的无意识领域。人类性欲的替代性满足,是所有艺术品及其审美对象,所能够赋予人类快乐的真正原因。它是美的泉源,是艺术品不断产生和发展的动力。

几乎从有了最初的思想意识开始,人就懂得了什么是做梦,梦是因为大脑皮层的细胞尚未完全进入睡眠状态,有的还在兴奋中,而产生的一种杂乱无章的思想反应。可是为什么做梦会跟现实有很大的相似呢?弗罗伊德解释说,那是因为人在白天的活动中,有很多愿望没有达成,因此会烦躁焦虑,人在睡着以后,这种情绪依然得不到休憩与控制,但是梦境可以暂时使愿望达成。在梦里,愿望达成了,人的神经系统就可以维持平衡,缓解了焦躁,也就保证了睡眠。

为了证实自己的判断,弗洛伊德做了多次实验,并列举了大量的例子。他在白天故意吃了很咸的食物,然后在口渴难耐中睡着了,在梦中,他梦见自己看到了一汪清泉,然后捧起来就喝。喝水的想法得到满足,他也就放心睡去了,所以从某种意义上说,做梦是保证有效睡眠的一种方式。而有的梦是一种思维错乱的反映,比如弗洛伊德时常工作到深夜,第二天早上起不来,这时候他也明明感觉到是黎明了,然后他梦见自己起床了,穿好衣服,在浴室里像往常一样梳洗,这一切都做完以后,他认为自己已经没有该做的了,然后转身继续睡去。弗洛伊德的同伴西皮也做过类似的梦:有一个人欠西皮五十块钱,说好了来还钱,一大早,西皮还在梦里,他梦见朋友来到家里,把钱放在桌子上,然后说了几句话就走了,而西皮转身又沉沉睡去了。

弗洛伊德对做梦的解释,是有着一定的道理和根据的,它不同于占卜,所以很多人都来找他解梦。

有一次,他带着妻子和女儿,还有邻居家的三个孩子去游乐场,他们玩得很开心,晚上还在一起吃饭。第二天一早,女儿汉娜兴奋地告诉弗洛伊德:"爸爸,我昨晚梦见艾米尔跟我们成了一家人,一起吃饭,一起上学,还叫你爸爸。"

弗洛伊德知道女儿做这个梦,是因为她跟邻居的孩子玩得很开心,并且希望他们之间成为好朋友,永远这样下去。

小汉娜用自身经历验证弗洛伊德的精神分析说

弗洛伊德认为，人类的审美经验和艺术创造动力，均来自人的无意识领域。人的本能欲望隐藏在人的无意识里，又被称为"原欲"，以愿望和意图为表现，实际上是一种动力源。而人类的文明不时地对的活动加以限制、约束和压抑，进而导致人的本能欲望受到压抑，而成为潜意识，并进行自动调节。这被称为原欲转移，梦和想象均属于原欲转移的现象。

所谓的原欲升华，也是一种原欲转移方式，即艺术想象，它是以文明和社会所允许的方式加以显现，进而使现实世界中无法满足的欲望得到替代性满足，这就是审美经验和艺术欣赏的本质所在。

任何艺术的创造，都是在现实中无法满足的欲望在无意识里的转换，并经过改头换面，以新的面貌，隐藏在艺术作品里。

总之，弗洛伊德认为，人类性欲的替代性满足，是所有艺术品及其审美对象所能够赋予人类快乐的真正原因。它是美的泉源，是艺术品不断产生和发展的动力。

弗洛伊德

小知识

埃蒂耶纳·博诺·德·孔狄亚克（1715年～1780年），法国哲学家，启蒙思想家。他把洛克的唯物主义经验论心理学思想发展为感觉主义心理学思想。他认为心灵有自己发展的能力，知识是由感觉引起的观念形成的，一切心理过程都是由感觉转化来的，都是变相的感觉。

图书在版编目(CIP)数据

关于美学的100个故事 / 冯慧编著. —— 南京：南京大学出版社，2018.12(重印)

(人文社会科学通识文丛 / 张颢瀚总主编)
ISBN 978-7-305-10406-0

Ⅰ. ①关… Ⅱ. ①冯… Ⅲ. ①美学—通俗读物 Ⅳ. ①B83-49

中国版本图书馆CIP数据核字(2012)第185015号

本书经上海青山文化传播有限公司授权独家出版中文简体字版

出版发行	南京大学出版社
社　　址	南京市汉口路22号　邮　编 210093
网　　址	http://www.NjupCo.com
出 版 人	左　健
丛 书 名	人文社会科学通识文丛
总 主 编	张颢瀚
书　　名	**关于美学的100个故事**
编　　著	冯　慧
责任编辑	黄隽翀
照　　排	南京南琳图文制作有限公司
印　　刷	南京新洲印刷有限公司
开　　本	787×960　1/16　印张 13.75　字数 256千
版　　次	2012年9月第1版　2018年12月第2次印刷
ISBN	978-7-305-10406-0
定　　价	38.00元
发行热线	025-83594756　83686452
电子邮箱	Press@NjupCo.com
	Sales@NjupCo.com(市场部)

* 版权所有，侵权必究
* 凡购买南大版图书，如有印装质量问题，请与所购
　图书销售部门联系调换